RECUEIL DE RAPPORTS

SUR

LES PROGRÈS DES LETTRES ET DES SCIENCES

EN FRANCE.

PARIS.

LIBRAIRIE DE L. HACHETTE ET Cie,

BOULEVARD SAINT-GERMAIN, N° 77.

RÈCUEIL DE RAPPORTS

SUR

LES PROGRÈS DES LETTRES ET DES SCIENCES

EN FRANCE.

RAPPORT SUR LES PROGRÈS

DE

LA GÉOLOGIE EXPÉRIMENTALE,

PAR A. DAUBRÉE,

MEMBRE DE L'INSTITUT, INSPECTEUR GÉNÉRAL DES MINES,

PROFESSEUR AU MUSÉUM.

PUBLICATION FAITE SOUS LES AUSPICES

DU MINISTÈRE DE L'INSTRUCTION PUBLIQUE.

PARIS.

IMPRIMÉ PAR AUTORISATION DE SON EXC. LE GARDE DES SCEAUX

A L'IMPRIMERIE IMPÉRIALE.

M DCCC LXVII.

RAPPORT SUR LES PROGRÈS

DE

LA GÉOLOGIE EXPÉRIMENTALE

EN FRANCE.

INTRODUCTION.

La géologie comprend aujourd'hui un champ si vaste et embrasse des questions de nature si variée que le tableau de ses progrès a dû être réparti en plusieurs rapports.

Celui dont j'ai été chargé comprend les applications de l'expérience à la géologie. Ces applications se sont multipliées dans ces derniers temps, elles ont été poursuivies par des voies diverses, et constituent l'une des branches de la géologie qui a fait le plus de progrès dans ces vingt-cinq dernières années; elles paraissent destinées à prendre dans la science une place de plus en plus considérable et à y inaugurer une méthode féconde. On peut réunir toutes les études faites dans cette nouvelle direction, sous le nom de *Géologie expérimentale*[1].

[1] Le nom de *géologie expérimentale*, que nous employons, a, comme on va le voir, un tout autre sens que ceux de *géologie pratique* et de *géologie appliquée*.

Cette dernière branche, qui concerne les applications de la géologie à la recherche des substances utiles, fait l'objet d'un rapport spécial, dans lequel je signale les résultats obtenus dans ces dernières années (*Rapports sur l'exposition universelle de 1867*, classe 40).

C'est en procédant ainsi que la géologie se rapprochera de la physique et de la chimie, fondées aujourd'hui sur des principes incontestables, parce que tous ont été établis ou contrôlés par des expériences positives.

La marche si extraordinairement rapide de la géologie depuis la fin du siècle dernier date, comme il est presque superflu de le rappeler, de l'époque où les conjectures sur la formation de la terre et les hypothèses prématurées ont disparu devant une observation attentive et sévère. Depuis lors, ces progrès sont tels qu'aucune autre science n'a peut-être révélé en un si court espace de temps plus de faits nouveaux et inattendus.

L'observation seule, appuyée sur l'induction qui permet souvent de la généraliser, fournit au géologue un guide assez sûr pour l'explication de certaines questions importantes.

Ainsi, les analogies si évidentes qui unissent les terrains stratifiés aux dépôts que l'Océan continue à former de nos jours, autorisent pleinement à considérer ces terrains comme d'anciens sédiments de la mer. On a pu s'appuyer tout aussi sûrement du contournement des couches dans les chaînes de montagnes pour conclure que ces couches n'occupent plus la position dans laquelle elles furent déposées. Ce n'est d'ailleurs que pour des cas assez rares, tels que le mode de propagation de la chaleur interne, que, jusqu'à présent, le calcul a pu venir en aide à l'observation.

Mais il est un auxiliaire qui, peut-être, n'a pas encore pris en géologie le rôle qui doit lui appartenir : c'est l'expérimentation, fondement général des sciences physiques.

Sans doute, l'expérimentation n'a pas ici, au moins dans certains cas, par exemple quand il s'agit de phénomènes mécaniques, la même valeur que dans les phénomènes chimiques ou physiques. En effet, les appareils et les forces que nous pouvons mettre en jeu sont toujours bornés; ils ne peuvent imiter les phénomènes géologiques qu'en les rapetissant à l'échelle de nos moyens d'expérience.

Néanmoins, on peut aborder ainsi beaucoup de questions, sinon pour les résoudre complétement, au moins pour les éclairer et en préparer la solution.

Cette opinion, quelque fondée qu'elle nous paraisse, n'est pas encore partagée par tous les géologues. Plusieurs d'entre eux, se méprenant sans doute sur le rôle de l'expérimentation, veulent la bannir du domaine de la géologie.

Parmi les objections qu'on oppose à l'introduction de la méthode expérimentale en géologie, on se bornera à en citer une. Elle consiste en ce qu'un même résultat naturel peut avoir été produit par des causes différentes. Par exemple, s'il s'agit de la formation d'un minéral, il est possible qu'une même espèce ait été formée, dans ses divers gisements, à la faveur de circonstances très-différentes. Par suite, il ne serait pas très-utile de connaître les conditions dans lesquelles les phénomènes naturels pourraient être imités artificiellement.

En supposant que cette objection soit fondée en ce qui concerne certains minéraux isolés, tels que la pyrite de fer ou le quartz, elle n'a plus, à beaucoup près, la même valeur, dès qu'on veut l'appliquer aux roches elles-mêmes, par exemple au granite.

D'ailleurs, si la nature a employé des procédés très-divers pour arriver au même but, on peut aussi, en variant soi-même les moyens que l'on met en œuvre, chercher à définir nettement les conditions compatibles ou incompatibles avec chaque phénomène, de manière à les circonscrire dans des limites de plus en plus resserrées et à rétrécir ainsi le champ des hypothèses.

L'opinion exclusive de ceux qui ne veulent faire usage que de l'observation pure et simple semble être le résultat d'un malentendu. Les arguments développés contre l'expérimentation pourraient à la rigueur se comprendre, s'il s'agissait de remplacer l'observation par l'expérience.

Or, est-il besoin de dire que, pour ceux mêmes qui s'occupent d'expérimentation, l'observation est la base de toutes les connaissances géologiques? Ces deux méthodes d'investigation, loin de se nuire, se portent un mutuel secours.

En effet, grâce au nombre et au zèle de ceux qui cultivent la géologie sur tous les points du globe, les données fournies par des observations directes surabondent, et cependant il y a beaucoup de faits dont cette quantité énorme d'observations n'a pu encore dissiper l'obscurité; de sorte qu'il semble que, n'ayant plus rien à attendre d'une méthode, ce soit à l'autre, à l'expérimentation, que l'on ait à demander la lumière.

Par exemple, on a poursuivi minutieusement tous les caractères du granite, ses allures, les ramifications qu'il forme souvent dans les roches encaissantes; on possède de nombreuses analyses de ses variétés, on s'est livré à de longues discussions sur son origine et, malgré tout cela, on commence à peine à soupçonner son mode de formation, d'ailleurs si intéressant pour les premiers âges du globe.

C'est seulement par l'expérience synthétique qu'on arrivera à élucider cette question. Le jour où l'on saura reproduire les trois éléments constituants du granite, non-seulement séparés, mais associés entre eux, tels que cette roche les montre dans toutes les régions du globe; en un mot, le jour où l'on aura fait du granite marquera une conquête considérable, aussi bien dans l'expérimentation que dans la connaissance de l'histoire du globe terrestre.

Mais pour être utile et concluante, l'expérimentation doit être maniée par celui même qui a observé sur le terrain, qui a étudié toutes les circonstances du problème à éclairer et qui s'est ainsi inspiré sur les causes possibles du phénomène. Car, comme l'a très-nettement formulé l'un des maîtres de la science, M. Chevreul, l'expérimentation ne vient qu'à la suite de l'observation directe, pour servir de contrôle à l'induction.

C'est dire que c'est aux géologues à entrer dans cette voie. Bien qu'elle ne soit encore qu'à ses débuts, les résultats auxquels elle a déjà conduit font entrevoir quelle sera sa fécondité.

Si l'expérimentation, armée de ses procédés les plus ingénieux, a été nécessaire pour conduire à l'intelligence des phénomènes les plus rapprochés de nous et dont nous sommes témoins à chaque instant, tels que la pesanteur de l'air et la foudre, ne devons-nous pas être forcés d'y recourir, quand il s'agit de faits géologiques, dont les plus importants ne se répètent plus de nos jours, du moins sous nos yeux, et ont laissé pour témoin unique un résultat final, ne conservant plus aucune trace des actions intermédiaires qui l'ont produit?

Ainsi, la géologie paraît aborder une nouvelle période, où l'expérimentation, s'appuyant sur les nombreuses données fournies par l'observation, est appelée à éclairer puissamment les phénomènes de tout ordre, chimiques, physiques et mécaniques.

Dans l'exposé qui suit, on a adopté les divisions suivantes :

1° Production artificielle ou synthèse des minéraux;

2° Applications de la méthode expérimentale à des questions géologiques de diverse nature, telles que le contournement des couches, la structure schisteuse des roches, le mouvement des glaciers, le striage des roches lors du phénomène erratique, la formation des galets, du sable et du limon, la décomposition des silicates par les actions mécaniques et l'infiltration possible de l'eau dans les profondeurs, malgré les contre-pressions de vapeur;

3° Métamorphisme;

4° Météorites.

Ces deux dernières branches de la géologie se rattachent à ce sujet, depuis que la synthèse les a abordées.

Je crois devoir dire comment ce rapport a dû s'étendre à la fois en dehors de la période des vingt-cinq dernières années et du domaine des savants français.

D'abord, on ne peut se faire une idée exacte des progrès accomplis dans ce laps de temps, sans se représenter l'état du sujet au point de départ, et même sans remonter rapidement à sa naissance.

En outre, on ne saurait apprécier équitablement la part qui

revient à la France dans ces progrès, sans rappeler brièvement celle qui appartient aux autres pays.

Ces deux observations expliquent le développement qui a été nécessairement donné à l'exposé relatif aux branches de la science dont j'étais chargé de faire connaître le mouvement. Le but de ce rapport n'aurait pas été atteint, si l'on était resté dans des considérations générales, nécessairement vagues pour ceux qui ne sont pas tout à fait familiarisés avec la question.

En signalant les principaux faits, on a cherché non-seulement à donner une idée précise des travaux auxquels sont dus les progrès réalisés, mais aussi à tracer une sorte de tableau qui résume succinctement l'état actuel de nos connaissances.

PREMIÈRE PARTIE.

APPLICATION DE LA MÉTHODE EXPÉRIMENTALE
A DES PHÉNOMÈNES CHIMIQUES, PRODUCTION ARTIFICIELLE
OU SYNTHÈSE DES MINÉRAUX.

Conformément aux principes généraux qui viennent d'être établis, quand on recherche quel a été le mode de formation des minéraux dans leurs principaux gisements et celui des roches dont ils font partie, on doit, avant tout, examiner la manière d'être et les associations de ces minéraux.

Cette étude amène ordinairement à certaines déductions sur les circonstances générales qui ont présidé à la formation de ces minéraux et de ces roches.

Ainsi, quand nous trouvons des minéraux disséminés dans des roches sédimentaires et fossilifères, qui n'ont subi aucune altération sensible dans leur composition minéralogique, ni dans leur structure, tout porte à conclure qu'ils n'ont pu cristalliser par voie de fusion. C'est alors à la voie aqueuse qu'on est conduit à les attribuer. Quand, par exemple, nous voyons dans les couches supérieures de la craie blanche des silex renfermant des géodes de quartz parfaitement cristallisé, il est impossible d'admettre que le quartz a été produit par voie sèche, non plus que les rognons de pyrite de fer, si fréquents dans la craie, ainsi que dans bien d'autres minéraux des terrains stratifiés.

Au contraire, si l'on se trouve en présence de l'une de ces masses qui ont été poussées de bas en haut au milieu de roches préexistantes, comme les basaltes, les trachytes, les porphyres, les granites; si l'on observe que ces masses sont constituées par des silicates anhydres et cristallisés qui y ont visiblement pris naissance, et présentent ainsi dans leur composition minéralogique des ana-

logies avec celle des laves des volcans après que celles-ci sont solidi-
fiées, on arrive à cette conclusion probable que les minéraux qui
font partie de ces roches ont été formés eux-mêmes à une température plus ou moins élevée.

Les associations des minéraux entre eux sont aussi très-utiles à
étudier quand on recherche leur mode de formation.

Cependant, pour diriger le géologue et le minéralogiste vers
une conclusion motivée, l'observation des faits tels que la nature
nous les présente ne peut suffire. Les aperçus auxquels ils conduisent sont nécessairement assez vagues et ne suffisent pas à préciser les circonstances du mode de formation que l'on recherche.

Il faut alors, à la suite de l'observation directe, pour la fixer et
la compléter en appliquant la méthode qui vient d'être exposée,
faire intervenir l'expérimentation synthétique, c'est-à-dire chercher
à produire artificiellement les espèces minérales que l'on veut étudier.

L'importance que la synthèse des minéraux présente pour la géologie est donc évidente. Seule elle peut apprendre, si ce n'est
avec certitude, au moins avec beaucoup de probabilité, les conditions de formation des minéraux et des roches.

La reproduction de ces espèces intéresse d'ailleurs aussi à un
haut degré, et à un tout autre point de vue, le minéralogiste, qui
parvient ainsi à connaître les types d'espèces, bien purs et exempts
de ces mélanges accidentels qui troublent si fréquemment la constitution des minéraux et empêchent d'en établir la formule, c'est-
à-dire la véritable composition.

Il n'y a pas d'ailleurs à insister sur l'utilité pratique que présen-
terait la reproduction de certains minéraux remarquables par leurs
propriétés physiques, comme les pierres gemmes.

Si l'on n'est entré que récemment dans cette voie, cela tient sans
doute en partie aux difficultés contre lesquelles on vient se heurter
dès qu'on tente d'y pénétrer.

La distance entre certains minéraux et les composés les plus analogues que fournissent les laboratoires est telle, en effet, que l'on a cru pendant longtemps impossible de reproduire les principales espèces. Pour ne prendre que l'exemple le plus commun, le *cristal de roche* ou le *quartz cristallisé* diffère en général complétement, quant à l'aspect et aux caractères physiques, de cette *silice amorphe* et pulvérulente, la seule que les laboratoires sachent fournir. La différence entre ces deux états de l'acide silicique n'est guère moindre que celle qui existe entre le diamant et le noir de fumée.

Aussi, naguère encore, supposait-on que des laps de temps immenses ou certaines actions occultes avaient nécessairement présidé à la formation des minéraux, et leur imitation paraissait impossible.

Les résultats auxquels on est parvenu font ressortir plusieurs méthodes spéciales que nous allons examiner dans leurs traits généraux, tant pour faire saisir les résultats atteints que pour montrer la voie vers laquelle il faut se diriger, afin d'étendre notre domaine.

Nous les partagerons en deux groupes, suivant qu'elles participent de la *voie sèche* ou de la *voie humide*[1], en adoptant ainsi les dénominations usitées en chimie.

Avant d'entrer en matière, je dois faire observer que certaines des expériences dont je vais rendre compte ne produisent que des cristaux très-petits et même microscopiques; mais, s'ils n'ont rien qui puisse attirer le regard, ils ne présentent pas un intérêt théorique moindre que s'ils atteignaient un plus fort volume. Pour en obtenir de plus gros, il ne faudrait avoir à sa disposition, comme dit Daubenton, que des circonstances qui n'ont pas fait défaut dans la nature : du temps, du repos et de l'espace.

---

[1] Je crois devoir annoncer que je me sers ici de l'exposé que j'ai fait de ces travaux en 1859, dans mes *Recherches sur le métamorphisme*, travail qui depuis lors a été reproduit dans divers ouvrages. Il convient de mentionner aussi la *Bibliographie de la production artificielle des minéraux*, dans laquelle M. Boué, qui depuis si longtemps rend des services considérables à la géologie, a résumé méthodiquement les publications faites sur ce sujet. (*Wiener Acad. Bericht*, 20 octobre 1864.)

Nous ne terminerons pas ces observations générales sans rendre hommage à Leibnitz, qui avait déjà profondément senti toute l'utilité de l'expérience pour l'interprétation de la formation des terrains, et qui avait comparé, autant qu'il était alors possible de le faire, les produits de la nature à ceux du laboratoire[1].

MÉTHODES PAR VOIE SÈCHE.

§ 1. Dévitrification, fusion et refroidissement des roches.

Depuis longtemps, on a remarqué le changement que peuvent subir les matières vitreuses déjà consolidées, quand elles ont été réchauffées à un certain degré bien inférieur à leur point de fusion et même de ramollissement. Elles sont alors susceptibles de se transformer en une masse opaque, que l'on a qualifiée du nom de *porcelaine de Réaumur*, nom qui rappelle les faits dont on est redevable sur ce sujet à cet éminent observateur[2].

L'opacité qui se produit ainsi, sans qu'il advienne de changement notable dans la composition, est le résultat d'un changement moléculaire ou allotropique, qui amène la cristallisation.

Depuis ces travaux, la dévitrification du verre a été l'objet de très-nombreuses recherches qui, au point de vue du géologue, n'ont pas un intérêt assez direct pour qu'il y ait lieu de les analyser ici, et qui seront mentionnées plus loin.

---

[1] «Il fera, selon nous, une œuvre importante, celui qui comparera soigneusement les produits tirés du sein de la terre avec les produits des laboratoires : car alors brilleront à nos yeux les rapports frappants qui existent entre les produits de la nature et ceux de l'art.

«Bien que l'Auteur inépuisable des choses ait en son pouvoir des moyens divers d'effectuer ce qu'il veut, il se plaît néanmoins dans la constance au milieu de la variété de ses œuvres; et c'est déjà un grand pas vers la connaissance des choses que d'avoir trouvé seulement un moyen de les reproduire. *La nature n'est qu'un art plus en grand.*»

[2] Réaumur, *Mémoires de l'Acad.* 1739.

«Ces substances, dit-il, se fondent sans addition, au même degré de feu que nos verres factices.»

Buffon, qui a porté ses grandes vues sur toutes les branches des sciences naturelles et qui partout, on doit le rappeler pour sa gloire comme pour l'exemple, a cherché à les contrôler par l'expérimentation, avait rigoureusement constaté, par des essais directs, que le granite et les principales roches cristallisées sont fusibles et *vitrescibles*. Se basant sur le fait qui vient d'être rappelé, il pensait que de grandes masses de *verre naturel* avaient pu acquérir leur état cristallin à la suite d'un recuit plus ou moins long [1].

Dans les longues discussions qui eurent lieu, surtout vers la fin du siècle dernier, sur l'origine de certaines roches, les adeptes de Werner prenaient un de leurs arguments dans l'état pierreux du basalte et d'autres roches, supposant que ces roches seraient restées vitreuses, au moins en partie, si elles avaient été formées par voie de fusion.

C'est alors que Sir James Hall, tout en étudiant l'influence combinée de la chaleur et de la pression sur le calcaire, entreprit de nombreuses expériences, dans le but de voir si les faits se passent comme le prétendaient les adversaires de Hutton, son maître. Hall, en fondant les roches des environs d'Édimbourg, reconnut, comme l'avait d'ailleurs pressenti Buffon, que certains silicates, au

---

[1] *Histoire naturelle des minéraux, substances vitreuses des granits.*

Buffon avait en outre bien remarqué que le feldspath est beaucoup plus fusible que les deux autres éléments du granit.

Leibnitz, il est vrai, avait déjà dit que la terre et les pierres soumises au feu donnent du verre; que le verre n'est que la base des pierres (*Protogée*, § 3); mais il confondait ici toutes les roches, y compris le calcaire, le silex et le sable, et il y a loin de cet aperçu vague aux premières expériences précises que fit Buffon.

Il convient de mentionner celles de Spallanzani sur ce sujet.

On peut, en outre, rappeler ici les expériences que fit Buffon sur le refroidissement de sphères de diverses dimensions, les unes en métal, les autres en grès ou en marbre, pour se représenter les conditions du refroidissement du globe terrestre. Newton avait déjà exprimé l'intention de faire des expériences de ce genre.

M. Bischof a exécuté dans un but semblable une série intéressante d'observations sur la fusion et le refroidissement de sphères en basalte. (*Die Waermelehre des innern Erdkœrpers*, 1837, p. 443 et 505.)

lieu de devenir vitreux, peuvent, à la faveur d'un refroidissement lent, devenir cristallins, et prendre un aspect pierreux, semblable à celui des roches éruptives. Ces expériences, qui furent continuées par d'autres savants, apprirent en outre qu'une masse vitreuse peut cristalliser sans passer par la fusion [1].

§ 2. Examen des cristaux obtenus accidentellement dans les ateliers métallurgiques.

Les faits que nous venons d'exposer ont amené naturellement à examiner les silicates qui sortent en abondance, à l'état de fusion, des fourneaux métallurgiques.

Conformément à l'idée de Leibnitz, dès 1816, M. le professeur Haussmann utilisa ce genre d'observation pour l'intelligence des phénomènes géologiques, et, depuis cette époque, ce savant n'a cessé pendant sa longue et active carrière de lui apporter d'importants tributs [2].

Bientôt Mitscherlich reconnut que le péridot, le pyroxène et

[1] Les expériences de Hall ont été continuées sur une plus grande échelle par Gregory Watt. (*Philos. Trans.* 1804, London, et *Biblioth. britann.* n° 256.) En même temps, M. Dartigues publiait ses expériences sur la dévitrification du verre. (*Journal de pharmacie*, LIX; *Journal de physique*, LX; *Annales de chimie* t. L.)

D'autres recherches ont été faites sur ce sujet vers la même époque : Fleuriau de Bellevue, *Sur l'action du feu dans les volcans* (*Journal de physique*, t. LX, 1805); de Drée, *Nouveau genre de liquéfaction ignée* (*Journal des mines*, XXIV, 1808; *Mémoires de l'Académie des sciences*, 1808). Il convient, en outre, de mentionner les observations bien antérieures de James Keir et de Sam. More (*Phil. Trans.* London, 1776 et 1782).

Je rappellerai aussi les observations récentes sur la dévitrification de M. Dumas, de M. Pelouze (*Comptes rendus*, 1845, 1855, 1859 et 1867), et les observations de M. Bontemps et de M. Clémendot à la suite de ces dernières; enfin, celles de MM. Mitscherlich, Gustave Rose, Charles Deville et Delesse, sur la fusion des roches.

[2] *Bemerkungen über die Benutzung metallurgischer Erfahrungen bei geologischen Forschungen* (*Gottingische gel. Anzeigen*, 1819 p. 486). Ce premier travail a été suivi de nombreux et importants mémoires sur le même sujet. Koch avait déjà en 1809 décrit quelques cristaux d'usines, entre autres l'oxyde de zinc; on avait aussi depuis longtemps remarqué le graphite qui se sépare de la fonte.

d'autres espèces minérales cristallisent accidentellement dans les scories d'usines[1]. C'était le digne complément de son travail sur la relation entre la forme des cristaux et leur composition chimique, qui venait de marquer d'une manière si éclatante dans la minéralogie et la chimie.

Depuis lors, les scories métallurgiques ont été examinées avec soin, à ce point de vue intéressant, par MM. Berthier, Vivian, Bredberg, Sefström, Zinken, Wöhler, Kersten, Plattner, Rammelsberg, F. Sandberger, Percy, Miller et autres savants. M. le professeur Leonhard a publié sur ce sujet un ouvrage où tous les faits connus alors sont résumés et rapprochés[2].

Pierres factices provenant de la fusion des laitiers. — Dans ces derniers temps on a tiré parti de l'aspect lithoïde que prennent les laitiers après un refroidissement lent. Les laitiers forment, dans le voisinage des hauts fourneaux, des amas considérables, et l'on a souvent cherché à les utiliser, moins pour en faire l'objet d'une opération lucrative, que pour se débarrasser de matériaux encombrants.

Sous leur forme vitreuse ordinaire, ils ont été fréquemment employés à l'entretien des chaussées et à la confection des murs de clôture ; mais leur rapide désagrégation n'a pas permis d'en obtenir pour cet usage un résultat quelque peu durable.

On a essayé en Angleterre, il y a quelque temps déjà, d'obtenir des matériaux de construction avec ces matières, par le moulage à l'état pâteux suivi d'un refroidissement graduel. On pouvait ainsi donner à ces matériaux des reliefs assez satisfaisants[3].

Ces essais ont été repris en France depuis quelques années[4], no-

[1] *Abhandlungen der K. Academie der Wissenschaften zu Berlin,* 1823 p. 25. — *Annales de chimie et de physique,* t. XXIV, p. 355.

[2] Von Leonhard, *Hüttenerzeugnisse,* 1858. L'idocrase, la gehlénite sont du nombre des produits les plus fréquents.

[3] Gurlt, *Pyrogennete kunstliche Mineralien,* 1857 ; traduit en français par le professeur Dewalque.

[4] Conformément au brevet de M. Adcock ; en 1856.

tamment dans les usines d'Aulnoye, près Maubeuge (Nord), et de
Novéant (Moselle). Il faut le coup d'œil d'un minéralogiste pour
distinguer les pierres factices de certaines roches silicatées à grains
fins [1].

§ 3. Expériences synthétiques par fusion simple.

La vue des cristaux qui se forment accidentellement dans les
usines a nécessairement conduit à faire des expériences directes par
voie sèche, suivant différents procédés.

Berthier, dont les recherches ont rendu de si éminents services à la métallurgie, ainsi qu'à la minéralogie, fit les premières
tentatives dans cette direction.

En fondant la silice avec différentes bases en proportions définies,
il a obtenu, dès 1823, des combinaisons cristallines identiques à
celles de la nature, notamment le pyroxène.

Or, on sait que les cristaux de ce minéral, si fréquemment
disséminés dans les laves, avaient été autrefois considérés comme
détachés d'une roche préexistante, et c'est pour mieux exprimer
l'idée, déjà émise par Dolomieu, qu'ils n'ont pas été formés dans
les roches volcaniques, mais qu'ils y ont été simplement empâtés,
que Haüy avait donné au minéral dont nous parlons le nom de
pyroxène, qui signifie *étranger au feu.* On voit donc tout l'intérêt
que ce résultat de laboratoire présentait pour l'histoire des roches
éruptives.

§ 4. Fusion avec addition, pour la reproduction des minéraux infusibles.

Jusqu'alors on n'avait vu cristalliser que des minéraux fusibles ;
or il existe beaucoup de minéraux tout à fait infusibles dans nos

[1] Voir le procès-verbal des expériences faites sur la résistance à l'écrasement de ces matériaux par M. Tresca (*Annales du Conservatoire des Arts et Métiers,* 1863). On peut encore rappeler l'emploi agricole des laitiers que MM. Minary et Résal ont proposé d'en faire.

foyers et qui se trouvent en cristaux fort nets. A ce nombre appartiennent nos principales pierres gemmes, entre autres le corindon, le spinelle et la cymophane. C'est surtout leur reproduction qui paraissait difficile. Pour la réaliser, il fallait recourir à des procédés indirects.

C'est Ebelmen, le successeur de Berthier, dont la carrière prématurément interrompue fut marquée par une série de travaux d'un cachet d'originalité et d'élégance si remarquable, qui a ouvert cette voie féconde par une méthode sans précédents et aussi simple qu'ingénieuse [1].

Cette méthode consiste à mettre les principes immédiats des pierres qu'on veut former ou des corps qu'on veut simplement faire cristalliser, en contact avec une matière susceptible d'abord de les liquéfier à une température convenable, et ensuite de s'évaporer; en sorte que les principes immédiats qui se sont combinés, ou les corps qui se sont dissous simplement, peuvent prendre une forme régulière, lors de l'évaporation de la matière dissolvante. Ebelmen employa d'abord l'acide phosphorique, des phosphates alcalins, le borate de soude et surtout l'acide borique, et ensuite les carbonates de potasse ou de soude. Ces matières, à l'instar de l'eau qui dissout les éléments d'un sel ou ce sel déjà formé, après avoir, sous l'influence de la chaleur, liquéfié les substances susceptibles de se combiner ou des corps déjà formés, se comportèrent encore comme elle, lorsqu'à la suite de l'évaporation les corps dissous cristallisèrent.

L'éminent chimiste a obtenu, entre autres produits, huit espèces d'aluminates parfaitement définis. Quatre sont la reproduction fidèle d'espèces minérales, dont trois appartiennent au groupe des spinelles; ce sont:

Le pléonaste ou spinelle à base d'oxyde de fer;

La gahnite ou spinelle à base de zinc;

---

[1] *Ann. de chimie et de physique*, t. XXII, p. 211, et t. XXV, p. 279, — *Annales des mines*, 5ᵉ série, t. II, p. 359.

Le spinelle proprement dit, qui est à base de magnésie;

La cymophane ou aluminate de glucine.

Ebelmen est aussi arrivé à reproduire beaucoup d'autres minéraux, parmi lesquels on peut citer le péridot, le pyroxène, la perowskite, le rutile, la périclase, la magnétite, le fer chromé, etc.

Un second procédé mis en usage par Ebelmen a consisté à opérer, dans des matières en fusion, des séparations tout à fait correspondantes à celles qu'on opère dans la voie humide, quand on obtient, par précipitation, une base insoluble ou un composé salin insoluble. Par exemple, la chaux, agissant à une chaleur blanche sur des silicates ou des borates simples à l'état de fusion, peut en précipiter, sous forme de cristaux, la magnésie, les protoxydes de cobalt et de nickel, l'oxyde de fer magnétique; et, si les silicates sont complexes, les précipités pourront être des composés salins, tels que du titanate de chaux.

Les travaux d'Ebelmen, à part l'intérêt géologique qui s'y attache, conduisent aussi à un résultat des plus importants pour la minéralogie, en permettant de préparer des espèces minérales pures que l'on peut considérer comme des types; par exemple, le silicate neutre de magnésie, que l'on doit regarder comme le *péridot* pur, bien qu'on ne l'ait jamais rencontré dans la nature.

D'un autre côté, Ebelmen a montré comment on peut obtenir des séries complètes de composés, de manière a remplir les lacunes qui existent entre les diverses espèces naturelles.

Il convient de rappeler ici qu'il y a une trentaine d'années, M. Gaudin était parvenu, à l'aide d'un chalumeau en platine d'une construction nouvelle, à fondre l'alun ammoniacal additionné de quelques millièmes de chromate de potasse, et avait ainsi obtenu des globules fondus ayant la composition et la dureté du rubis oriental.

Plus tard, en 1857, il a obtenu le corindon cristallisé, par la simple calcination, à une très-haute température, de l'alun ammoniacal. A la même époque, dans son extrême habileté à manier les températures les plus élevées, M. Gaudin arrivait à un résultat non moins important et peut-être plus inattendu, en fondant l'un des minéraux le plus réfractaires, le quartz, et même en le filant et le soufflant à la manière du verre. On peut dire que de la fusion du quartz date une époque dans la production et l'emploi des plus hautes températures.

D'autres fondants ont été successivement employés dans le même but que s'était proposé Ebelmen.

C'est ainsi qu'en 1854 M. Forchhammer, dans des expériences nombreuses et importantes sur l'action du sel marin dans la formation des minéraux, reproduisit l'apatite cristallisée.

De son côté, en 1858, M. Manross, en fondant certains mélanges de sels, a imité la baryte sulfatée, l'apatite, le wolfram et d'autres minéraux.

M. Deville et M. Caron, en faisant, en 1858, réagir des fluorures métalliques volatils sur des composés oxygénés à de très-hautes températures, ont aussi obtenu plusieurs minéraux infusibles, tels que le corindon et la staurotide.

D'ailleurs, on avait depuis longtemps un exemple instructif d'une cristallisation par voie sèche, dans des circonstances analogues et bien connues de tous ceux qui ont visité les ateliers métallurgiques : c'est la cristallisation du graphite, qui sort de certaines fontes très-carbonées par une sorte d'exsudation, et qui vient soit se fixer en écailles brillantes à la surface de la fonte elle-même, soit quelquefois surnager à la surface du laitier. Il faut que ce graphite ait passé réellement par une sorte de *dissolution* dans le bain de fonte.

Cette cristallisation du carbone sous forme de graphite nous amène à rappeler qu'en 1853 M. Despretz a annoncé la production artificielle du diamant par un procédé basé sur le transport et le dépôt lent du carbone par un courant électrique des plus puissants.

Tout récemment, M. Gustave Rose a fait cristalliser différents corps au moyen du chalumeau, en se servant du sel de phosphore.

Il a obtenu ainsi l'acide titanique sous la forme de l'anatase et à divers états allotropiques [1].

Pour être complet, nous devrions mentionner ici les tentatives qui ont été faites pour imiter, par la fusion et la scorification, certains types de météorites; mais il est préférable de reporter ces résultats au chapitre consacré spécialement à l'histoire de ces corps planétaires.

§ 5. Expériences synthétiques à l'aide de vapeurs réagissant
entre elles ou sur des corps fixes.

De même que dans les sublimations d'usine dont il a été parlé plus haut, on peut, dans des expériences directes, faire réagir les vapeurs de manière à produire des composés fixes.

Sublimation. — Par une simple sublimation on imite quelques espèces minérales, telles que l'arsenic, la galène ou la sénarmontite.

La vapeur d'eau donne un exemple de cristallisation de ce genre, quand elle se condense à l'état de neige ou de givre.

Réaction mutuelle de vapeurs. — Mais c'est surtout en faisant réagir certaines vapeurs entre elles, comme dans les ateliers métallurgiques, que l'on peut arriver à des résultats variés.

C'est ainsi qu'on obtient le peroxyde de fer cristallisé comme le fer oligiste de la nature, en décomposant à chaud le perchlorure de fer par la vapeur d'eau, ainsi que l'a fait Gay-Lussac [2].

Cette réaction se produit également, comme l'a reconnu M. Mitscherlich, dans les fours de potiers dans lesquels on projette du chlorure de sodium [3].

---

[1] G. Rose, *Sitzung der Akademie zu Berlin*, 28 mars 1867.

[2] *Comptes rendus*, t. XLVI, p. 765, 1857.

[3] Poggendorff's *Annalen*, t. XV, p. 630.

M. Noeggerath l'a aussi signalé comme produit d'un incendie dans la mine de Wieliczka.

Les fours où l'on fabriquait le carbonate de soude à Framont (Vosges), en

M. Daubrée a essayé, en 1849, une réaction fondée sur le même principe, pour vérifier expérimentalement l'origine qu'il avait antérieurement attribuée aux amas de minerais d'étain, d'après des observations purement géologiques. Par la décomposition des bichlorures d'étain et de titane, il a obtenu l'oxyde d'étain cristallisé avec l'éclat et la dureté de celui de la nature, mais isomorphe avec le titane oxydé connu sous le nom de brookite. Cette dernière espèce minérale elle-même[1] se produit dans les mêmes conditions.

En amenant l'hydrogène sulfuré sur divers chlorures métalliques réduits en vapeur, M. Durocher a obtenu quelques-uns des principaux sulfures contenus dans les filons, tels que le cuivre gris[2].

Action des vapeurs sur des corps solides. — Au lieu de faire agir les vapeurs les unes sur les autres, on peut s'en servir pour attaquer des substances fixes et y développer des combinaisons nouvelles.

C'est d'après ce principe que M. Daubrée a, le premier, obtenu artificiellement l'apatite, ainsi qu'un composé se rapprochant par sa composition de la topaze[3]. Plus tard il a produit, au moyen des chlorures de silicium et d'aluminium, des silicates et des aluminates cristallisés[4]. Il a également imité l'oxyde rouge de manganèse ou hausmannite[5].

On doit encore mentionner ici la production de la dolomie par M. Durocher, au moyen de l'action de vapeurs chlorurées et magnésiennes sur du calcaire[6]; les expériences de M. Charles Deville

decomposant le chlorure de sodium par la pyrite de fer, ont produit de magnifiques enduits de fer oligiste cristallisé à la surface des briques.

[1] *Recherches sur la production artificielle de quelques espèces minérales cristallisées, particulièrement de l'oxyde d'étain, de l'oxyde de titane et du quartz. — Observations sur les filons titanifères des Alpes* (*Ann. des mines,* 4ᵉ série, t. XVI, 1849).

[2] *Comptes rendus,* t. XXXII, p. 823.

[3] *Annales des mines,* 4ᵉ série, t. XIX, p. 669.

[4] *Comptes rendus,* t. XXXIX, p. 135, 1854.

[5] *Annales des mines,* 5ᵉ série, t. I, p. 124, 1852.

[6] *Comptes rendus,* t. XXXIII, p. 64, 1851.

relatives à l'altération des roches silicatées par l'hydrogène sulfuré et l'eau[1], ainsi que celles de MM. Rogers sur la manière dont l'eau chargée d'acide carbonique décompose même à froid les principaux silicates naturels.

On avait remarqué qu'il suffit de la vapeur d'eau, si elle est douée d'une haute température, pour attaquer de nombreux silicates[2]. Ainsi les briques chauffées à la température de la fusion de la fonte abandonnent, d'après M. Jeffreys, à un courant de vapeur d'eau de la silice qui va se condenser sous forme neigeuse[3].

C'est encore par une action du même genre que l'eau corrode les émaux dans les fours à porcelaine[4].

M. de Haldat a d'ailleurs formé des oxydes de fer et de zinc par décomposition de la vapeur d'eau, en présence d'un fil de métal[5].

Production de l'anatase cristallisée, par l'action de l'hydrogène sur l'azoto-cyanure de titane. — Wœhler[6] le premier, en 1849, a obtenu l'anatase cristallisée, quand il fit la découverte remarquable que les cristaux hexaédriques obtenus dans les hauts fourneaux ne sont pas du titane, comme on l'avait supposé, mais un azoto-cyanure de titane. En le traitant par un courant d'hydrogène, il observa un dégagement d'ammoniaque et d'acide cyanhydrique, et un résidu solide consistant en acide titanique, qui, examiné au grossissement de 300 fois, se montra formé de petits cristaux en octaèdres carrés, aigus, en partie incolores, d'un éclat adamantin, qui avaient par conséquent tous les caractères de l'anatase.

Vapeurs d'eau et autres considérées comme moyen de sublimation

[1] *Comptes rendus*, t. XXXV, p. 261, 1852.

[2] D'après Turner, le verre se recouvre d'une pellicule de silice opaque, ne renfermant plus d'alcali et ayant quelquefois une disposition stalactiforme (*Annales des mines*, 3ᵉ série, t. VII, p. 448, 1835).

[3] Jeffreys, *Report of the British asso-ciation*, 1840 (*Bibliothèque britannique*, t. VIII, p. 441).

[4] M. Al. Brongniart et M. Regnault ont constaté ce fait à Sèvres.

[5] *Annales de chimie*, t. XLVIII, 1833.

[6] Poggendorff's *Annalen*, t. LXXVIII, p. 401, 1849.

indirecte. — Des courants de gaz et de vapeurs peuvent transporter des corps difficilement sublimables, soit par une sorte d'action mécanique, soit par une sorte de dissolution.

Un exemple remarquable en est fourni par des dépôts de calcaire et d'aragonite qu'on observe quelquefois sous les pistons des appareils à vapeur.

M. Henri Deville s'est servi de l'acide chlorhydrique gazeux pour faire cristalliser plusieurs oxydes, tels que ceux de fer, d'étain et de titane; il a en outre fait usage de courants de certains fluorures et de chlorures réduits en vapeur. Il est ainsi parvenu à préparer, entre autres, la willémite ou silicate de zinc [1].

C'est par des procédés peu différents que M. Hautefeuille a produit l'acide titanique sous les trois états d'anatase, de brookite, ou de rutile qu'il affecte dans la nature. Il réalise ces résultats en faisant passer un gaz humide sur du fluorure de titane et en réglant convenablement la température; au-dessous du point de volatilisation du cadmium, on obtient de l'anatase; entre ce point thermométrique et celui qui correspond à la volatilisation du zinc, c'est de la brookite qui se produit; à une plus haute température, il se forme du rutile.

Dans d'autres séries d'expériences, M. Hautefeuille a produit du sphène et de la perowskite. L'acide titanique, chauffé avec du chlorure de calcium et de la silice dans un gaz inerte, donne le sphène; le sphène, baigné par le chlorure de calcium, est transformé, lorsqu'on fait intervenir la vapeur d'eau, en perowskite; enfin, une grande quantité d'acide chlorhydrique mélangé à de la vapeur d'eau transforme le sphène et la perowskite en acide titanique cristallisé sous forme de rutile [2].

[1] Ces différents faits, d'abord insérés dans les *Comptes rendus,* sont résumés dans une thèse publiée en 1865.

[2] C'est ici que nous devons rappeler pour mémoire les expériences que Le Blanc a faites sur la cristallisation des sels, dès 1788, à la suite de Romé de l'Isle; puis celles de Beudant (1819), de Craig (1836), de M. Lavalle (1851), de M. Pasteur (1856), et d'autres que nous ne pouvons citer.

Phosphate de fer cristallisé dans les houillères embrasées. — On observe dans les houillères embrasées, notamment à Commentry et à Aubin, de belles cristallisations de phosphate de fer. Elles sont dues à un phénomène de transport analogue aux précédents, et il est d'autant plus intéressant d'étudier cette curieuse production, qu'à part la nouvelle preuve qu'elle apporte de la présence de l'acide phosphorique dans les roches stratifiées, elle présente peut-être de l'analogie avec le mode de formation des minéraux du Vésuve.

MÉTHODES PAR VOIE HUMIDE.

L'action de la vapeur d'eau sur les chlorures et les silicates, qui vient d'être signalée, est comme un intermédiaire entre la voie sèche et la voie humide. Il nous reste à résumer les résultats de cette dernière.

§ 1. Voie humide sans pression et à une température égale au plus à 100 degrés.

Personne n'ignore que beaucoup de substances s'obtiennent à l'état cristallisé par l'évaporation de leur dissolution. L'eau pure, le dissolvant le plus ordinaire, n'est pas le seul que l'on puisse employer. D'ailleurs, à l'aide de la présence de l'acide carbonique, l'eau dissout des corps, tels que le carbonate de chaux, qu'elle ne dissout pas sensiblement à l'état de pureté. D'un autre côté, on rencontre de toutes parts, dans l'écorce terrestre, des minéraux sous forme de cristaux parfois très-volumineux, tels que le quartz, la fluorine, la pyrite de fer, dans des circonstances où ces minéraux n'ont pu être produits que par voie humide. Ces substances sont réputées tout à fait insolubles dans l'eau pure. Des difficultés de même ordre que celles qui s'offraient, quand on cherchait à obtenir par voie sèche des corps infusibles, ont longtemps fait croire aussi que la voie humide était impuissante à reproduire les minéraux insolubles, à l'état de cristaux.

Emploi de l'électricité à faible tension. — La propriété que nous connaissons depuis longtemps, pour le plomb et pour l'argent, de se précipiter, à l'état cristallisé, de leurs dissolutions salines et à former des groupes connus sous les noms d'*arbre de Saturne* et d'*arbre de Diane*, a reçu une extension considérable par les travaux de M. Becquerel. Dans de nombreuses expériences, qui remontent à 1823[1], et qu'il continue encore, l'auteur a employé successivement plusieurs procédés dont voici la description sommaire.

1° Au fond de simples éprouvettes sont déposées des substances insolubles, recouvertes de dissolutions salines. Une lame de métal, convenablement choisie, plonge à la fois dans la dissolution et dans la substance insoluble. Cette disposition déterminait, par le contact du métal, du liquide et de la matière insoluble, la formation de couples simples, pouvant amener la décomposition de cette dernière et le dépôt sur la lame de différents composés.

On a ainsi obtenu le protoxyde de cuivre cristallisé, différents oxydes, des carbonates métalliques, la pyrite, etc.

En disposant dans les mêmes éprouvettes et au sein de certaines dissolutions une lame métallique altérable, à laquelle étaient fixés des fragments de matière conductrice en charbon, on a vu se produire, à la faveur de couples dont le métal formait le pôle positif, des composés qui sont venus cristalliser lentement sur la lame, tels que les chlorures d'argent, de cuivre, etc.

2° Dans les deux branches d'un tube en U, on introduit deux liquides différents, séparés à la partie inférieure par des corps perméables, comme de l'argile ou du kaolin. L'une des branches contient une dissolution de cuivre, d'argent ou d'or, ainsi qu'une lame du même métal; l'autre renferme des dissolutions salines variées et une lame de substance altérable, telle que le zinc, le fer, etc.

Cette disposition d'appareil, représentant un couple voltaïque complet, a permis de préparer des métaux cristallisés, le cuivre,

---

[1] *Annales de chimie et de physique,* t. XXXII, p. 244, 1823.

l'or, l'argent, le magnésium, etc. des sels doubles, tels que doubles sulfures, doubles chlorures, etc.

3° L'emploi de simples piles d'une tension plus ou moins forte fournit également des composés qui ne se produisent pas dans les appareils simples. On a ainsi formé la silice hydratée, l'hydrophane, l'alumine hydratée, etc.

4° En appliquant le procédé général qui consiste à imbiber un corps poreux d'une certaine dissolution et à le plonger ensuite dans une autre dissolution qui agit lentement sur la première, M. Becquerel a pu produire, par les affinités, les composés qu'il avait obtenus au moyen de l'électricité, comme la malachite et d'autres carbonates.

Ces vues ont été appliquées à l'étude des réactions qui peuvent s'effectuer entre les matières des filons métalliques et les dissolutions qui peuvent imbiber les roches encaissantes.

5° Enfin M. Becquerel a, tout récemment[1], mis à profit, sous une nouvelle forme, les affinités capillaires pour reproduire diverses espèces minérales. Cette méthode mérite une mention spéciale à cause des résultats intéressants qu'elle a déjà fournis et de ceux qu'elle donnera sans doute.

L'appareil qu'il a mis en usage se compose d'un tube de verre, dans la paroi duquel on a déterminé une fente extrêmement étroite. Ce tube étant fermé à son extrémité inférieure, on le remplit d'un liquide convenable, et on le plonge dans un vase contenant un second liquide capable de réagir sur le premier. C'est au travers seulement de la fente que la réaction se produit. Cette réaction s'opère d'autant plus rapidement que l'espace capillaire est plus étroit, et elle présente des caractères tout spéciaux.

Que l'on mette, par exemple, d'un côté du nitrate de cuivre et de l'autre du monosulfure de sodium, ce n'est pas du sulfure de cuivre que l'on produira, comme on devait s'y attendre, mais bien du cuivre métallique.

[1] *Comptes rendus de l'Académie des sciences,* t. LXIV, p. 919, 1867.

M. Becquerel a déjà étendu ces études à un très-grand nombre de métaux et les a variées en modifiant son appareil; ainsi, dans une série d'expériences, il a remplacé le tube fêlé, qui lui avait servi jusque-là, par un système de deux plaques de quartz parfaitement dressées et fortement comprimées l'une contre l'autre. L'une des deux lames portait une cavité remplie de l'un des liquides et l'appareil était plongé dans l'autre dissolution. L'avantage était d'agrandir beaucoup la surface en contact; le résultat fut ainsi obtenu avec beaucoup plus de netteté et de rapidité.

Une feuille de papier à dialyse a aussi servi à séparer les deux liquides destinés à réagir lentement. Dans d'autres cas cependant, lorsqu'on faisait réagir des dissolutions salines bien choisies, on obtenait des précipités salins et cristallisés, parmi lesquels on peut citer le carbonate de chaux, le chromate de plomb, le sulfate de baryte et le carbonate de baryte.

Cristallisation lente par capillarité. — M. Fremy a publié en 1866 un important travail sur un mode général de cristallisation des composés insolubles, en faisant intervenir aussi l'action de la capillarité [1]. Le but de l'auteur était d'opérer avec lenteur des précipitations et des décompositions qui, dans les laboratoires, donnent lieu à des corps amorphes, parce qu'elles se font instantanément. Il se rapprochait ainsi des conditions naturelles qui ont présidé à la formation des minéraux par voie humide. M. Fremy a constaté que, conformément à ses prévisions, le produit de ces réactions lentes est cristallisé. Dans une série d'expériences, les deux corps étaient introduits dans des liquides différemment denses, contenant de la gomme, du sucre ou de la gélatine; les liqueurs étaient séparées par des couches de corps poreux ou par des feuilles de papier, qui, en s'imbibant peu à peu, donnaient lieu à des décompositions lentes, presque toujours caractérisées par la production

---

[1] *Comptes rendus de l'Académie des sciences*, t. LXIII, p. 714, 1866.

de corps cristallisés. Dans d'autres essais, c'est par les phénomènes d'endosmose que les deux liquides séparés par une membrane se mélangeaient lentement. Enfin, des résultats ont été fournis par l'emploi de vases en bois ou en porcelaine dégourdie.

Par ces différentes méthodes, M. Fremy a obtenu à l'état cristallisé, et souvent sous des formes très-nettes, des corps insolubles, tels que le sulfate de baryte, le sulfate de strontiane, le carbonate de baryte, le carbonate de plomb, le sulfate de plomb, le borate de baryte, le chromate de baryte, l'oxalate de chaux et plusieurs sulfures.

Production de l'opale. — Ebelmen, après la découverte remarquable qu'il fit de l'éther silicique, se servit de la décomposition lente de ce corps pour obtenir la silice hydratée, assez cohérente pour rayer le verre et appartenant à la variété d'opale que les minéralogistes ont désignée sous le nom d'hydrophane[1].

Production de l'aragonite. — M. Gustave Rose a fait de son côté de très-nombreuses expériences qui doivent être citées ici et qui lui ont permis d'analyser les conditions dans lesquelles a lieu la précipitation du carbonate de chaux, à l'état d'aragonite[2].

Production de la gay-lussite. — M. Fritsche[3] a produit artificiellement la gay-lussite, par double décomposition du carbonate de soude et du chlorure de calcium.

Observations diverses. — Des réactions qui se produisent dans la fabrication des chaux hydrauliques et des ciments, M. Kuhlmann a déduit des résultats qui intéressent la géologie[4].

[1] *Annales des mines,* 4ᵉ série, t. VIII, p. 149, 1845. — *Comptes rendus,* t. XXI, p. 527. M. le docteur Gergens a également obtenu une sorte d'opale commune en décomposant très-lentement le silicate de potasse (verre soluble) par de l'acide carbonique en dissolution dans l'eau. (*Leonhard's Jahrbuch,* p. 807, 1858.)

[2] Poggendorff's *Ann.* 1837, t. XLII, p. 353. — *Abhandlungen der Akademie zu Berlin,* 1856.

[3] *Bulletin de l'Académie impériale de Saint-Pétersbourg,* 1864, p. 580.

[4] *Comptes rendus,* etc. t. XII, p. 852, et t. XXXV, p. 739.

On peut encore mentionner comme fournissant des renseigne-
ments sur la formation des minéraux l'examen de l'action des
alcalis sur les roches par M. Delesse[1].

Ajoutons que d'autres faits montrent encore combien la lenteur
de la séparation importe à l'arrangement moléculaire. Tels sont
ceux qui ont trait à la production des zéolithes cristallisées dans le
béton romain de Plombières, comme on le verra plus loin à propos
du métamorphisme.

§ 2. Voie humide sous pression dans l'eau suréchauffée.

Il y a dans les sciences, comme en toutes choses, une sorte de
force d'entraînement à laquelle l'esprit de l'homme a bien du mal
à résister. Au moment du triomphe des idées plutoniennes, l'importance du rôle de la chaleur fut à son tour exagérée, au point
qu'on la considéra comme l'unique agent des principales actions.
On lui attribuait, non-seulement le transport dans les filons des
minerais métalliques et de leurs gangues, mais le ramollissement
et la transformation de massifs entiers de roches, sans en excepter
les masses quartzeuses. Cependant, un examen plus approfondi
força à révoquer en doute cette puissance immense de la chaleur,
à laquelle le secours des siècles lui-même ne pouvait avoir donné
une énergie pour ainsi dire sans limites. Les idées moins exclusives
auxquelles on se trouvait ramené par l'observation furent ensuite
pleinement confirmées. Des séries d'expériences apprirent en effet
comment une chaleur comparativement modérée peut expliquer les
principaux phénomènes, notamment la cristallisation des silicates
anhydres dans certaines roches, à la condition toutefois que son
action soit associée à celle de l'eau, corps qui doit rarement faire
défaut dans les profondeurs du globe, si l'on en juge par les éruptions des volcans.

---

[1] *Bulletin de la Société géologique*, 2ᵉ série, t. XI, p. 127.

Les premières expériences géologiques faites sous pression ont été exécutées en 1805 par Sir James Hall, sous l'inspiration de Hutton. C'est, à proprement parler, la première fois que l'on a cherché sérieusement à établir la synthèse expérimentale dans l'étude des phénomènes géologiques, en y introduisant autre chose que l'observation des faits, tels que la nature nous les présente, ainsi que l'analyse chimique.

Hall était encouragé dans sa recherche par la présence fréquente, dans les trapps, de nodules de calcaire cristallisé. Il constata que, sous une certaine pression, le carbonate de chaux peut, à une forte température, retenir son acide carbonique, et que l'effet combiné de la chaleur et de la pression est d'agglutiner cette substance en une masse solide, quelquefois cristalline. Il reconnut aussi que le bois soumis aux mêmes conditions se change en une sorte de lignite. Quoiqu'il ne s'agît que de la démonstration d'un fait en apparence très-simple, Hall ne consacra pas moins de trois ans à ses expériences, qui furent au nombre de plus de cent cinquante. Cela donne une idée des difficultés en présence desquelles on se trouve, dès qu'on opère à chaud avec de fortes tensions.

Plus tard, Cagniard de Latour[1] étudia la transformation toute particulière que les végétaux subissent dans les conditions de pression qui viennent d'être indiquées.

En soumettant du bois dans de l'eau à une température d'environ 300 degrés, M. Daubrée a produit une véritable anthracite[2]. A une température moins élevée, des végétaux renfermés dans de l'argile humide se sont transformés en houille, comme l'a montré M. Baroulier[3].

Expériences relatives à la formation de la dolomie. — Déjà, dans le siècle dernier, en 1779, Arduino avait exprimé clairement l'idée que les dolomies de Lavina, dans le Vicentin, ont été formées aux dépens du calcaire secondaire.

[1] *Comptes rendus*, t. XXXII, p. 275.
[2] *Annales des mines*, 5ᵉ série, t. XII, p. 305. — [3] *Comptes rendus*, t. XLVI, p. 376.

Plus tard Léopold de Buch adopta et développa cette hypothèse, comme on le sait, à propos des dolomies du Tyrol méridional.

Mais il existe des dolomies, et c'est le cas du plus grand nombre, qui sont disposées par couches régulières, souvent horizontales, constituant des horizons géognostiques très-étendus. Quand elles renferment des vestiges de coquilles, le têt en a disparu ; elles sont souvent cristallisées et criblées de cavités, de manière à rappeler une substitution. Ces dolomies stratifiées sont souvent associées à des dépôts d'anhydrite et de gypse.

M. Élie de Beaumont a cherché à éclairer l'origine de ces dolomies régulièrement stratifiées, en partant de l'hypothèse de Léopold de Buch [1].

C'est cette hypothèse célèbre de l'origine métamorphique de la dolomie que M. Haidinger et M. de Morlot ont essayé de soumettre au contrôle d'une expérience qui a inauguré, pour la formation des minéraux, l'emploi de l'eau sous pression [2]. En faisant ainsi agir le sulfate de magnésie sur le carbonate de chaux, ils ont produit le carbonate double de chaux et de magnésie qui constitue la dolomie.

Plus tard, MM. Favre et Marignac se sont servis de chlorure de magnésium pour arriver au même résultat [3].

Malgré la réussite de ces expériences, n'y aurait-il pas lieu de considérer une partie des dolomies, et spécialement celles qui sont régulièrement stratifiées, comme les produits d'une précipitation directe ?

Plusieurs observations pourraient justifier cette dernière manière de voir. M. le professeur Forchhammer a voulu la contrôler par des expériences ingénieusement conduites [4], et il est arrivé à une conclusion favorable à cette dernière hypothèse.

---

[1] *Explication de la carte géologique de France*, t. II, p. 90.

[2] Von Morlot, *Ueber Dolomit und seine kunstliche Darstellung aus Kalkstein* (*Mémoires de l'Académie de Vienne,* tome I, p. 385, 1847). — [3] *Bibliothèque de Genève*, mai 1849.

[4] Erdmann, *Journal pract. Chem.* t. XLIV, p. 52, 1850.

Il en est de même de M. Sterry Hunt, qui a fait une étude approfondie des réactions mutuelles des sels le plus communs de chaux et de magnésie [1].

D'ailleurs, il a été reconnu que certaines sources minérales peuvent précipiter de la dolomie cristalline. Ce résultat, annoncé par M. Johnston [2], a été aussi observé par M. Moitessier sur l'eau bicarbonatée de La Malou (Hérault). Conservée dans une bouteille incomplétement bouchée, cette eau a déposé, au bout de plusieurs mois, des cristaux incolores et rhomboédriques de dolomie [3].

Production des minéraux des filons métallifères, par de Sénarmont. — M. de Sénarmont a entrepris une longue série d'expériences qui ont jeté une vive lumière sur des phénomènes très-importants. En opérant à l'aide de l'eau, à des températures de 130 à 300 degrés, il est parvenu à produire à l'état cristallisé les principaux minéraux qui caractérisent *les filons métallifères*, entre autres le quartz [4], le fer spathique, les carbonates de manganèse et de zinc, la baryte sulfatée, l'antimoine sulfuré, le mispickel, l'argent rouge. Pour comprendre aujourd'hui toute l'importance du problème qui a été ainsi résolu par ce savant, il faut se rappeler que, jusqu'alors, on n'avait pu imiter la plupart des minéraux des filons.

Or, les espèces les plus caractéristiques de ces gisements, au nombre de plus de trente, se trouvaient reproduites par un même procédé [5], conforme à celui que faisait supposer l'observation, et à

---

[1] Le dernier travail de M. Sterry Hunt est inséré dans le *American Journal of sciences and arts*, t. XLII, juillet 1866.

[2] *British association de Hull*, 1853.

[3] *Annales de Montpellier*, juillet 1863, et *Revue des Sociétés savantes*, 1863, t. IV, p. 252.

[4] Expériences sur la formation artificielle par voie humide de quelques espèces minérales qui ont pu se former dans

les sources thermales sous l'action combinée de la chaleur et de la pression (*Annales de chimie et de physique*, t. XXVIII, p. 693). — Expériences sur la formation de quelques minéraux par voie humide dans les gîtes métallifères concrétionnés (*Même recueil*, t. XXXII, 1851).

[5] M. Schafhäütl a annoncé avoir obtenu de la silice cristallisée dans la marmite de Papin (*Anzeigen*, p. 557, 1845).

l'aide des éléments les plus répandus dans les sources thermales. Ce mémorable travail a, pour la première fois, montré en géologie, comment une induction relative à tout un ordre de faits peut être démontrée par la synthèse expérimentale.

M. de Sénarmont a également fait voir que la seule action de l'eau peut, avec l'aide d'une température élevée, isoler les bases de certains sels. C'est ainsi que l'oxyde de fer anhydre et l'alumine cristallisée, ou corindon, ont été produits par la décomposition de dissolutions de chlorure de fer et de chlorure d'aluminium.

La brochantite (sous-sulfate de cuivre) et l'azurite ont été récemment obtenues par le même procédé.

Expériences sur l'action de l'eau suréchauffée dans la décomposition et la cristallisation des silicates, par M. Daubrée. — Jusqu'alors la voie humide n'avait pu produire de silicates anhydres. M. Daubrée est arrivé à ce résultat, dans une série d'expériences publiées en 1857 [1], dont le compte rendu succinct sera donné plus loin, à propos des recherches qui servent à expliquer le métamorphisme.

En résumé, les deux méthodes les plus importantes de production artificielle des minéraux sont la voie sèche avec addition de certains agents, et la voie humide sous pression.

Observations générales sur la synthèse des minéraux. —Remarquons, en terminant, que ce qui importe au géologue et au minéralogiste, ce n'est pas seulement de reproduire telle ou telle espèce minérale, mais d'arriver à ce résultat en suivant des méthodes qui paraissent conformes à celles qui ont été mises en œuvre dans la formation des minéraux. Le même composé peut en effet se reproduire par des méthodes très-différentes. Il faut donc se guider d'après les indications de gisements, que le géologue seul peut étudier sur le terrain,

[1] Observations sur le métamorphisme et recherches expérimentales sur quelques-uns des agents qui ont pu le produire (*Annales des mines,* 5ᵉ série, t. XII, p. 289. — *Bulletin de la Société géologique,* 2ᵉ série, t. XV, p. 97).

et n'employer, autant que possible, que les agents qui sont en jeu, soit dans l'écorce du globe soit dans les profondeurs.

Si déjà beaucoup de résultats ont été obtenus, il en est de très-importants qu'il reste encore à conquérir. Ainsi, aucun corps n'a peut-être donné lieu à plus d'essais que le diamant. Le jour où l'on sera parvenu à l'obtenir cristallisé artificiellement, on aura fait une découverte dont l'importance théorique ne le cédera pas à l'intérêt industriel et financier.

En parcourant les résultats obtenus dans les diverses méthodes, on remarquera la part considérable que la France a prise dans cette branche de la géologie que l'on peut qualifier de nouvelle.

Cette considération et la difficulté qu'on éprouve de se contenter d'un aperçu général et sommaire pour en faire apprécier les progrès, ont engagé à traiter ce sujet d'une manière particulièrement détaillée.

DEUXIÈME PARTIE.

APPLICATION DE LA MÉTHODE EXPÉRIMENTALE A DES PHÉNOMÈNES PHYSIQUES ET MÉCANIQUES.

Ce n'est pas seulement dans la synthèse des minéraux que l'expérimentation est appelée à rendre des services en géologie; c'est aussi dans l'étude des phénomènes de tout ordre, à la condition d'être convenablement dirigée.

Nous allons voir comment elle a été déjà appliquée à l'étude du contournement des couches, de la structure schisteuse des roches, du mouvement des glaciers, du striage des roches, de la formation des galets, du sable et du limon, de la décomposition des silicates par les actions mécaniques et de l'infiltration possible de l'eau dans les profondeurs, malgré une contre-pression de vapeur.

CONTOURNEMENT DES COUCHES.

James Hall n'a pas borné ses expériences à faire des études sur la texture cristalline que peuvent acquérir les roches à la suite d'un refroidissement lent, et sur la cristallisation du calcaire soumis à l'influence simultanée de la chaleur et de la pression. L'éminent savant écossais est encore à mentionner ici comme ayant fait appel à l'expérimentation, pour l'étude de ces phénomènes mécaniques.

Déjà Descartes avait donné une nouvelle preuve de son admirable pénétration d'esprit, en rattachant les dislocations de la *voûte terrestre* au refroidissement et à la contraction de la masse interne [1]. Mais ces idées paraissaient tombées dans l'oubli, quand

---

[1] « Les fentes s'augmentant, les parties externes n'ont pas pu se soutenir plus longtemps, et la voûte, se crevant tout d'un coup, l'a fait tomber en grandes pièces sur la superficie du corps *C;* mais, pource que cette superficie n'était pas

plus d'un siècle après, en 1785, Hutton annonça que la chaleur souterraine n'a pas seulement consolidé et minéralisé les sédiments du fond de la mer, mais qu'elle a en outre soulevé et redressé des couches qui étaient primitivement horizontales. Saussure venait alors d'observer le redressement des célèbres poudingues de Valorsine, mais sans se prononcer sur la cause du phénomène.

Sir James Hall prêta à cette hypothèse fondamentale le secours d'une expérience bien connue aujourd'hui, et dont la simplicité ne diminue pas le mérite.

En comprimant latéralement des feuilles de drap ou d'autres étoffes, soumises d'ailleurs à une forte pression dans le sens vertical, il les vit s'infléchir en différentes directions, de façon à rappeler complétement les contournements des terrains stratifiés. Hall répéta la même expérience, en remplaçant les feuilles de drap par des couches d'argile, et il obtint le même résultat.

STRUCTURE SCHISTEUSE DES ROCHES.

Caractère de la structure schisteuse. — On sait que beaucoup de massifs de roches se laissent diviser plus ou moins nettement en feuillets parallèles. Ces feuillets ne sont pas un clivage de cristallisation; ils ne sont pas dus non plus à la stratification. Le plan des feuillets est fréquemment oblique à celui des couches. Cependant il y a des contrées où la disposition transversale est exceptionnelle, et où les feuillets sont en général parallèles à la stratification.

Cette structure feuilletée est surtout développée dans les schistes argileux ou phyllades; mais elle n'en est pas l'apanage exclusif, et elle se poursuit dans les roches de nature différente, telles que les quartzites, les grès, les calcaires, surtout lorsque ceux-ci sont impurs.

assez large pour recevoir toutes les pièces de ce corps en la même situation qu'elles avaient auparavant, il a fallu que quelques-unes soient tombées de côté et se soient appuyées les unes contre les autres. » (§ 42, p. 322 de l'édition française.) La figure annexée représente très-clairement l'idée de Descartes.

Diverses circonstances montrent que les roches feuilletées ont été soumises à des actions mécaniques, principalement à des pressions énergiques, qui y ont produit des effets indélébiles. La plupart des fossiles que renfermaient ces roches ont été refoulés ou étirés d'une manière très-caractéristique.

D'après les données de l'observation, c'est aux glissements qui sont résultés de ces pressions que la structure feuilletée paraît devoir son origine, comme d'ailleurs le confirme l'expérience que nous signalerons bientôt. Certaines particularités de structure, moins prononcées que la schistosité ou le clivage, proviennent sans doute aussi d'actions mécaniques. Tels sont les *joints secondaires* connus de ceux qui travaillent les ardoises[1], la structure fibreuse qui résulte d'un plissement des feuillets[2], la structure dite pseudo-régulière, fréquente dans les quartzites et dans la houille. Ces divers modes de division seraient donc à signaler comme le résultat d'un *métamorphisme de structure*.

La structure schisteuse anormale ou, en d'autres termes, la structure feuilletée qui ne provient pas de la stratification par dépôt, quoique très-fréquente dans les terrains anciens, ne s'y trouve pas toujours, et ne leur est pas exclusivement propre. On ne rencontre pas de véritables phyllades dans les couches siluriennes de la Suède, de la Russie ou des États-Unis, qui ont conservé leur horizontalité première et qui n'ont pas généralement été métamorphisés. D'autre part, les schistes propres à être exploités comme ardoises sont connus dans des terrains plus récents qui ont été disloqués, comme dans le lias des Alpes, dans le terrain crétacé des Pyrénées et de la Terre de Feu[3], et dans le terrain nummulitique de la Suisse,

---

[1] Le principal de ces joints est nommé *longrain* par les ardoisiers des Ardennes.

[2] La structure bacillaire de certains calcaires des Alpes, tel que celui de Klam, en Tyrol, en est un exemple. (Favre, *Géologie du Tyrol allemand,*

Bibliothèque de Genève, 1849.) M. de la Bèche a donné des exemples de ces divisions dans son *Geological report on Cornwall,* p. 271.

[3] D'après M. Darvin.

aux environs de Glaris. Ainsi, l'origine de la structure feuilletée, de même que l'état métamorphique, paraît se lier essentiellement à l'existence des dislocations.

Historique des idées sur l'origine de la structure schisteuse. — Les faits qui précèdent sont établis par les observations de divers géologues, parmi lesquels il faut citer M. le professeur Sedwigck [1].

Quant à leur cause, elle avait été cherchée dans des actions cristallines, polaires ou électriques, c'est-à-dire dans des causes qu'on pourrait qualifier d'occultes, lorsque le fait remarquable qui était le plus particulièrement propre à guider vers une saine explication fut nettement signalé.

M. le Bergmeister Baur, le premier, a montré, dans un travail remarquable [2], que le clivage a pris naissance lors du contournement des couches, et qu'il paraît résulter d'une pression, normalement à laquelle il s'est développé.

Ce n'est qu'un an plus tard que M. Sharpe [3], à qui l'on a souvent accordé la priorité, est arrivé à la même conclusion par d'autres observations très-précises et relatives à la déformation qu'ont subie les fossiles. Il a ensuite établi le même fait pour des roches dans lesquelles on ne trouve pas de débris organiques.

Expériences à ce sujet. — La première tentative faite pour imiter mécaniquement le phénomène a été exécutée par M. Sorby, auquel on est redevable d'autres recherches ingénieuses [4]. Il avait déjà

---

[1] *On the chemical changes produced into the aggregate of stratified rocks* (*Transact. of the geologic. Soc.* tome III, page 354, 1835).

[2] Baur, *Ueber die Lagerung des Dachschiefers und ueber die von der Schichtung abweichende Schieferung des Thonschiefers* (*Karsten Archiv.* t. XX, p. 398, 1846). La conclusion de M. Baur est surtout déduite de divers exemples de glissement fort bien observés.

[3] *Quarterly journal of the geological Society of London*, t. III, p. 74, 1847. Plus tard M. Sharpe a publié un excellent mémoire sur le même sujet (*Geological proceeding*, november 1854). M. H. Clifton s'en est également occupé.

[4] En laminant de l'argile dans laquelle il

reconnu, par un examen microscopique de la disposition de leurs éléments, ainsi que par le refoulement de certains lits minces, que les roches schisteuses ont éprouvé une compression.

M. John Tyndall alla plus loin : il produisit une structure feuilletée, tout à fait semblable à celle de l'ardoise, dans différentes substances plastiques comme la terre de pipe et la cire, en les comprimant et les soumettant à une espèce de laminage[1].

Des expériences que M. Daubrée a entreprises avant d'avoir connaissance de celles de M. Tyndall, mais qu'il a faites par d'autres procédés et sur une plus grande échelle, confirment cette manière de voir[2].

Il a utilisé pour cela des moyens de compression puissants, non-seulement des cylindres lamineurs, mais des presses à balancier mues par la vapeur, qui servent, dans la fabrication dite de la casserie, pour emboutir la tôle sous forme d'ustensiles variés. Tous les modes de compression, graduelle ou par chocs, ont été successivement employés. La matière sur laquelle M. Daubrée a particulièrement agi était de l'argile amenée à un degré particulier de dessiccation.

L'argile soumise à ces divers procédés de compression peut acquérir une structure schisteuse très-prononcée ; mais pour cela, outre la pression, deux conditions sont indispensables :

1° Il faut que la substance puisse éprouver des glissements et s'étendre par un commencement de laminage ; alors les feuillets se développent parallèlement au glissement, c'est-à-dire normalement à la pression. On n'obtient aucun résultat si le corps ne peut pas céder et se déformer dans le sens perpendiculaire à la pression.

---

avait disséminé des paillettes d'oxyde de fer, M. Sorby a vu qu'elles s'alignent perpendiculairement à la pression (*Edimb. Philos. journal,* 1853. *Quarterly journal,* t. X, p. 73, 1854).

[1] *Comparative view of the clivage of*

crystals and slate rocks (*Philosophical magazine,* 1856).

[2] *Études et expériences sur le métamorphisme,* mémoire déjà cité, p. 108 de l'édition in-4°.

Un morceau d'argile de forme cylindrique, enchâssé exactement dans un anneau en fonte de même forme et de même dimension, a été très-fortement comprimé par un piston de même calibre. La substance a acquis une forte consistance, mais sans montrer aucun indice de feuillets, ni même de clivage.

2° La masse que l'on comprime doit être douée d'un degré particulier de plasticité. Trop sèche, elle se brise; trop molle, elle se lamine, sans que les feuillets puissent s'isoler. Des échantillons de la même argile, mais à des états de dessiccation différents, soumis simultanément à la compression, fournissent des couches superposées, les unes à structure schisteuse, les autres à cassure irrégulière, dont le contraste est très-significatif.

Un phénomène accompagne presque toujours la structure schisteuse dans les roches cristallines, c'est le parallélisme remarquable que présente une partie de leurs éléments cristallisés. Ceux qui ont la forme de paillettes, quelle qu'en soit la nature, mica, chlorite, talc, graphite, fer oligiste, sont disposés à plat suivant le plan des feuillets; quelquefois même ils y présentent cette sorte d'alignement que l'on a nommé *parallélisme linéaire,* et qui est comme l'effet d'un étirement.

Les schistes micacés, chloritiques, talqueux, offrent les exemples les mieux caractérisés de ce phénomène.

C'est même à ces paillettes, qui étaient supposées prendre une disposition dans des plans parallèles sous l'influence d'actions calorifiques ou magnétiques, qu'on a souvent attribué, avec Sir John Herschel[1], la cause de la structure feuilletée. M. Sorby a cherché à confirmer cette influence des paillettes par une expérience qui consiste à laminer une masse pâteuse qui en renferme.

M. Daubrée ne partage pas cette manière de voir, et pense que l'alignement des paillettes, au lieu d'être la cause, peut au contraire

[1] Tous les minéraux des roches schisteuses ne présentent pas cet alignement; ainsi, les macles ne sont pas en général orientées parallèlement aux feuillets des phyllades dont elles font partie.

n'être que la conséquence de la préexistence des feuillets[1]. Il s'appuie pour cela sur quatre motifs principaux :

1° La structure feuilletée s'est quelquefois développée dans la nature, et il l'a produite parfaitement dans l'expérience précédemment citée, en l'absence de toute espèce de paillettes;

2° Des cristaux qui sont loin d'avoir la forme de lamelles, comme le grenat, le fer oxydulé, présentent cependant un alignement très-régulier;

3° Il a été reconnu, dans des expériences semblables à celles de M. Sorby, que les paillettes ont bien une tendance à venir se ranger graduellement dans le sens du mouvement déterminé par la pression, de manière que le frottement dû au glissement soit le moindre possible; cependant leur alignement est très-imparfait, en comparaison de celui de la nature, souvent si remarquable par sa régularité; et celles de ces paillettes qui ne parviennent pas à se ranger dans le plan général paraissent contrarier la formation des feuillets;

4° Un procédé particulier a donné des résultats presque identiques à ceux de la nature : il consiste à imprégner, avant de la soumettre au laminage, de l'argile avec de l'eau à 100 degrés, qui a été saturée d'acide borique; puis de la laminer sur une plaque de fonte échauffée par un foyer, de façon à éviter que l'acide ne se précipite avant la formation des feuillets. Or, dans cette expérience, les paillettes d'acide borique qui prennent naissance entre les feuillets, par le refroidissement ultérieur du liquide, présentent un alignement beaucoup plus régulier que dans celle de M. Sorby, et tout à fait comparable à celui de certains schistes micacés.

Expériences sur l'écoulement des corps solides, par M. Tresca. — A côté de ces expériences essentiellement faites dans un but géologique, nous croyons devoir citer les expériences exécutées par M. Tresca sur l'écoulement des corps solides[2].

[1] Lyell, *Manuel de Géologie*, t. II, p. 447, 1857.

[2] *Comptes rendus*, t. LIX, p. 754, 1864-1865, et t. LXIV, p. 1332, 1867.

Elles apprennent en effet au géologue que les masses solides, quand elles sont soumises à des pressions énergiques, telles que celles qui ont agi sur le contournement des couches, ou dans la sortie des roches éruptives, ne se comportent pas comme nous le supposons d'ordinaire. M. Tresca est arrivé à prouver que les corps solides ductiles, mous ou pulvérulents, peuvent, sans changer d'état, s'écouler d'une manière analogue aux liquides, lorsqu'on exerce à leur surface des pressions suffisamment grandes.

Afin de pouvoir observer les mouvements des différentes parties des matières employées aux expériences, les blocs soumis à des pressions qui les forçaient à s'écouler sous forme de jets cylindriques étaient particulièrement formés de plaques pour les métaux ou de couches pour les matières céramiques, afin que les surfaces de joint primitives de ces plaques et de ces couches pussent être retrouvées dans les jets, après leur écoulement.

MOUVEMENTS DES GLACIERS.

La cause du mouvement des glaciers, que de nombreux savants ont étudiée depuis Saussure, a été aussi éclairée par M. Tyndall à l'aide de l'expérimentation. Voici les principaux résultats auxquels il est arrivé[1].

On sait que, quand une épaisseur suffisante de neige se trouve accumulée à la surface du sol, les portions inférieures sont naturellement comprimées par les parties supérieures. Si la masse repose alors sur une pente, elle cédera principalement dans la direction de la pente, et, par suite, elle se mouvra en descendant. Lorsque plusieurs vallées se réunissent en une seule, les glaciers tributaires, que chacune d'elles contient, se réunissent de manière à former un seul glacier. La vallée principale comme les vallées tributaires sont souvent sinueuses, et les glaciers qui remplissent ces dernières

[1] *The glaciers of the Alpes*, by John Tyndall, 1860. — *L'Institut*, octobre 1862, p. 346.

changent fréquemment de direction pour former le glacier inférieur. De plus, la largeur de la vallée varie souvent, et le glacier est forcé, tantôt de passer par des gorges étroites, tantôt de s'élargir après qu'il les a traversées. Le centre du glacier se meut plus rapidement que le fond. Les points où le mouvement est le plus rapide sont distribués suivant une loi semblable à celle que l'on a reconnue pour le cours des rivières ; ils se déplacent tantôt d'un côté de la ligne médiane, tantôt de l'autre, suivant les changements de courbure de la vallée.

Cela posé, M. Tyndall a reconnu que ces divers effets peuvent être reproduits par l'expérience, en opérant sur de petites masses de glace. Il a trouvé, en outre, que la glace se laisse mouler en forme de vases ou de statuettes et que l'on peut courber une barre, de manière à en faire un anneau ou même un nœud.

Bien que la glace soit susceptible de se mouler facilement, elle est cependant incapable de subir aucun allongement ; par suite, la condition essentielle pour réussir à lui faire changer de forme, c'est de maintenir en contact les parties sur lesquelles on opère, afin que de nouvelles soudures puissent s'établir à la place des anciennes.

Plus la température de la glace est rapprochée de son point de fusion, plus il est facile d'obtenir ces résultats : quand la glace est à plusieurs degrés au-dessous de son point de fusion, elle se brise en une poudre blanche, lorsqu'on la soumet à une pression, et alors elle n'est plus susceptible de se mouler. A zéro, deux morceaux de glace, dont les surfaces sont humides, se soudent l'un à l'autre, dès qu'ils sont mis en contact, et ils ne forment plus qu'une seule masse rigide ; c'est cette propriété qui constitue le regel.

Quand de la glace comprimée se brise en un point, la continuité de la masse est rétablie par le regel des nouvelles surfaces contiguës. C'est aussi le regel qui permet à deux glaciers tributaires de se souder et de se réunir en un seul ; c'est de la même manière encore que les crevasses se forment et se ressoudent ensuite ; qu'enfin la dislocation éprouvée par un glacier, lorsque le

sol qui le supporte change fréquemment de niveau, peut disparaître
à une certaine distance. Cette propriété du regel, qui s'étend à
toutes les parties de la masse, explique donc bien pourquoi la
glace reste compacte pendant la descente du glacier.

Contrairement à l'idée émise par plusieurs savants, la viscosité
est une propriété que la glace des glaciers ne possède réellement
pas: car, si les phénomènes qui se produisent sous l'influence d'une
pression peuvent donner l'idée de son existence, l'analogie avec un
corps visqueux disparaît complétement, lorsqu'une tension est mise
en jeu. En effet, quand le glacier est soumis à une force de traction,
il y cède immédiatement par rupture, et non par extension; telle
est d'ailleurs l'origine des crevasses.

M. Tyndall a aussi découvert plusieurs faits importants touchant
les glaciers, en faisant une sorte d'anatomie de la glace à l'aide de
la chaleur. Quand la glace ordinaire recouvrant la surface d'un
lac est traversée par un rayon de soleil intense, elle se liquéfie,
de sorte qu'il se produit dans son intérieur des figures qui présentent la forme de fleurs; chaque fleur est alors composée de six
pétales ayant un espace vide au centre ; ces fleurs se forment
toujours parallèlement aux plans de congélation et elles résultent
de la cristallisation de l'eau. Les rayons solaires engendrent aussi
dans la glace des glaciers d'innombrables disques liquides, avec des
cavités qui sont vides. Jusqu'à présent, ces cavités avaient été considérées à tort comme des bulles d'air. Leur forme aplatie ne
résulte pas d'une pression. D'après M. Tyndall, les disques dont il
s'agit montrent que la glace des glaciers est un agrégat de fragments, dont les surfaces de congélation ou de cristallisation sont
disposées dans tous les plans possibles.

Il y a aussi dans la glace des glaciers d'innombrables alvéoles
qui contiennent de l'eau et de l'air : aucune expérience n'a été faite
jusqu'ici, relativement à leur mode de formation.

La glace d'un grand nombre de glaciers présente une constitution laminaire, et lorsqu'elle a été exposée à l'action de l'air, elle

peut être clivée en lames minces. Dans la glace inférieure, cette disposition se manifeste par des veines bleues, qui s'étendent dans la masse blanchâtre du glacier; ces veines sont les portions de la glace desquelles les bulles d'air ont été plus complétement expulsées par la pression. C'est ce qui explique pourquoi elles sont en rapport avec la structure de la glace. L'auteur distingue d'ailleurs les structures marginale, transversale et longitudinale, qu'il regarde comme des effets inverses des crevasses marginales, transversales et longitudinales. Ces dernières résultent d'une tension, tandis que les différentes classes de structure sont, au contraire, produites par la pression, qui s'exerce de différentes manières. En premier lieu, la pression agit sur la glace, comme sur les roches, qui présentent le mode de division perpendiculaire au sens dans lequel elle s'exerce. En second lieu, la pression produit une liquéfaction partielle de la glace, les parties liquides ainsi engendrées facilitent le dégagement de l'air hors du glacier; puis, quand la pression cesse d'agir, l'eau formée se regèle et concourt à la formation de veines bleues.

STRIAGE DES ROCHES DÛ AU PHÉNOMÈNE ERRATIQUE. FORMATION DES GALETS, DU SABLE ET DU LIMON.

L'expérimentation a été appliquée par M. Daubrée à l'étude de certaines particularités que présente la forme extérieure des roches dans les diverses régions du globe; puis, il a été conduit à étendre ses recherches à la formation de matériaux divers de désagrégation, qui tiennent une place considérable dans l'écorce terrestre[1].

Les questions qui se rattachent à cette formation pouvaient, au premier abord, paraître tellement simples qu'il était superflu de les

[1] *Recherches expérimentales sur le striage des roches dû au phénomène erratique, sur la formation des galets, du sable et du limon, et sur les décompositions chimiques produites par les agents mécaniques,* dans les *Annales des mines,* 5ᵉ série, t. XII, 1857. *Comptes rendus de l'Académie des sciences,* tome XLIV, p. 997.

soumettre à un examen approfondi; mais les phénomènes qu'on néglige parce qu'ils paraissent trop connus sont souvent ceux qui, en réalité, restent le plus longtemps obscurs.

Striage des roches. — Des étendues assez considérables de la surface du globe, telles que la Scandinavie et l'Amérique boréale, doivent les derniers traits de leur modelé à des frottements énergiques, dont les traces sont souvent demeurées gravées en caractères ineffaçables sur le sol. Des sillons et des stries innombrables couvrent toutes les roches assez dures pour les recevoir et assez résistantes pour les conserver. Un même sillon se poursuit quelquefois sur quinze mètres et davantage; puis un autre lui succède. Les parois de ce sillon portent une multitude de stries, en général parallèles à celle de la cannelure principale. C'est surtout sur des surfaces faiblement inclinées que le phénomène se présente avec régularité; cependant des surfaces verticales présentent quelquefois des sillons latéraux, qui y ont été creusés horizontalement.

La configuration des proéminences de toutes dimensions, roches, collines ou îles, est, en général, en relation évidente avec la cause qui a tracé ces sillons. Ainsi les collines sont souvent arrondies, cannelées et striées d'un côté, tandis que le côté opposé a conservé des formes anguleuses. Quant à la direction des sillons et des stries, elle est en général assez uniforme sur des surfaces faiblement ondulées. Dans les régions montagneuses, les traces de frottement divergent, en général, comme les axes des vallées qui en rayonnent.

Le phénomène qui nous occupe est l'un des plus remarquables de la géologie. Malgré les nombreuses études dont il a été l'objet de la part des géologues les plus distingués, son origine n'est pas encore éclaircie. Des courants boueux chargés de pierres, des glaciers agissant sur de vastes étendues qui en sont aujourd'hui dépourvues, ou enfin des masses de glace animées d'un mouvement rapide, tels sont les agents moteurs auxquels les géologues ont attribué le transport des matériaux solides qui ont labouré les roches et les ont couvertes de traits de burin.

Pour imiter, autant que possible, les conditions de la nature, M. Daubrée a fait frotter du sable, des galets et des fragments anguleux de roches sur une autre roche. Ces matériaux étaient pressés par un bloc de bois et pouvaient marcher à des vitesses et sous des pressions variées. La masse à frotter était granitique, comme les roches les plus dures; les matériaux frotteurs étaient quartzeux et feldspathiques, comme ceux qui paraissaient avoir été mis en jeu presque partout; ils étaient donc à peu près de la même dureté que la masse sur laquelle ils devaient agir.

Trois appareils différents ont réalisé les mouvements qu'il s'agissait de produire. L'un, ayant à peu près la disposition de celui qui a servi à Coulomb pour déterminer les lois du frottement, présente un charriot auquel on peut donner à l'aide de poids des vitesses plus ou moins grandes, en même temps que d'autres poids servent à régler la pression du frotteur. Cette première disposition, qui exige beaucoup de place et un appareil particulier, peut être remplacée par la machine à raboter la fonte qui est ordinairement employée dans les ateliers de construction de machines, ainsi que par la machine à alaiser, dans le mandrin de laquelle les galets étaient enchâssés.

C'est ainsi que l'auteur est arrivé à imiter, jusque dans leurs moindres particularités, les surfaces cannelées et striées par le phénomène erratique. Il n'est pas nécessaire pour cela de recourir à des pressions ni à des vitesses très-considérables. Quand on augmente la vitesse ou la pression, ou ces deux valeurs simultanément, les stries obtenues deviennent plus profondes et plus larges, à moins toutefois que la pression ne soit assez grande pour écraser les fragments.

A chaque instant de leur mouvement, les galets frottés subissent eux-mêmes des changements. On les voit s'user avec rapidité, et souvent s'écraser sur leurs angles, de façon à s'arrondir. Par suite de cette modification incessante, l'entaille que le fragment de roche sculpte sur la plaque change elle-même continuellement de caractère. Avant d'être fortement émoussé, le galet trace une strie, tandis qu'après s'être aplati il creuse un sillon, dont le rayon de courbure est en rapport avec la forme du fragment.

Non-seulement des matériaux de même dureté mordent parfaitement l'un sur l'autre, comme nous venons de le voir, mais une roche relativement tendre peut strier une roche dure, si elle est animée d'une vitesse suffisante. Du calcaire lithographique bien pur, doué d'une vitesse suffisante, peut, s'il est convenablement pressé, strier le granite d'une manière très-nette.

On a répété les mêmes expériences, en remplaçant le bloc compresseur par un bloc de glace (eau congelée). Bien que la glace soit souvent bulleuse et un peu compressible, elle force, sans s'écraser, les galets à tracer des stries.

Enfin, si les galets, au lieu d'être pressés au moyen d'un corps solide, sont soumis, *sans intermédiaire*, à la pression d'une masse pâteuse, telle que de l'argile humide, l'effet obtenu est tout différent de ceux que nous venons de signaler. Au premier instant, le galet est en contact avec la roche; il peut entamer un commencement de strie; mais, n'étant pas fixement maintenu contre l'obstacle à vaincre, il ne peut prolonger une entaille; il est, en général, immédiatement refoulé à distance dans l'intérieur de la masse pâteuse, où il reste noyé et inactif.

Formation des galets, du sable et du limon. — Rien ne paraît plus simple et mieux connu que l'histoire des galets, du sable et du limon; nous les foulons de toutes parts sous nos pieds, et, à l'état incohérent ou aggluliné, ils occupent un large développement dans la série des terrains stratifiés.

Cependant, à part quelques faits généraux, la formation de ces matériaux est loin d'être réellement éclaircie. Bien que le lit des torrents et des fleuves, et surtout le littoral des mers, nous offrent continuellement en activité le phénomène de l'usure mutuelle des roches en mouvement dans les eaux, l'observation directe ne suffit pas pour en apprécier toutes les circonstances. Nous ne pouvons suivre la manière et la rapidité avec laquelle les fragments anguleux s'arrondissent et diminuent graduellement, sous les frottements et les chocs. Les sables et les limons qui résultent de ces actions incessantes sont immédiatement triés et emportés par les eaux, sans qu'on puisse en étudier les caractères.

D'ailleurs, il serait souvent impossible de distinguer les sables formés journellement de ceux qui préexistaient dans le lit du fleuve ou sur la plage, et qui proviennent tout simplement du remaniement d'anciens dépôts.

M. Daubrée a cherché, à l'aide d'une série d'expériences, à préciser diverses circonstances de ce phénomène important par son universalité et sa perpétuité, et, dans ce but, il a imité les mouvements principaux des galets dans la nature, à l'aide d'un appareil très-simple. Il consiste en un cylindre horizontal, dans lequel les matériaux sont placés avec de l'eau, et auquel on donne un mouvement de rotation autour de son axe.

Si l'on place dans cet appareil des fragments anguleux de roches, ils se transforment bientôt en galets, en sable et en limon. Des fragments anguleux de quartz ou de granite sont, après un parcours de 25 kilomètres, parfaitement arrondis, de manière à ne pouvoir pas être distingués des galets naturels.

Le principal produit de l'action mutuelle des fragments de roches qui s'usent dans le sein des eaux n'est pas du sable, comme on l'a souvent prétendu, mais du limon. Ce limon est en général impalpable et reste plusieurs jours en suspension dans l'eau. Il est très-plastique; par la dessiccation, il se prend en masses si solides qu'on ne peut pas toujours le briser sans l'aide d'un marteau. On ne saurait le distinguer de celui qui s'accumule journellement sur une partie du littoral, par exemple sur la côte de la Norwége.

Outre ce limon, il se produit encore, dans la trituration des roches quartzeuses ou granitiques, du sable proprement dit, toujours très-fin. Les fragments les plus gros n'ont jamais dépassé le grain des sables de Fontainebleau; leur diamètre n'atteint pas un quart de millimètre.

Les grains de ce sable artificiel ne sont arrondis qu'accidentellement, ils sont presque entièrement composés de fragments anguleux. On reconnaît sous la loupe qu'ils sont entièrement composés de quartz et fragments anguleux, entremêlés de paillettes de mica. Le feldspath a disparu presque entièrement, quoiqu'il domine de beaucoup dans la roche granitique. Il est entièrement passé dans le limon; il en est de même sur les falaises où une roche granitique est soumise à la trituration des vagues : elle ne fournit qu'un sable quartzeux très-pauvre en feldspath.

Outre ces sables détritiques, c'est-à-dire produits par la trituration de roches, il en est qui résultent d'une simple *désagrégation sur place,* comme celui qui constitue beaucoup d'*arkoses*.

Il est encore un autre type de sables tout différent des premiers, ce sont ceux dont les grains, tantôt cristallisés, tantôt en forme de globules, paraissent avoir été l'objet d'une précipitation par voie chimique.

Les expériences qui précèdent ont aussi permis de déterminer le degré d'usure des matériaux soumis au frottement, c'est-à-dire ce que l'on peut appeler leur coefficient d'usure. C'est un document qui n'est pas sans valeur pour apprécier les formations des galets dans la nature.

Quant aux sables, ils ne s'arrondissent à la manière des galets que s'ils sont assez gros pour ne pas flotter dans l'eau, et assez fins pour suivre le mouvement du liquide. La dimension des grains qui peuvent ainsi rester en suspension dans de l'eau très-faiblement agitée paraît être environ 1/10 de millimètre. Tout sable plus fin est donc anguleux et restera indéfiniment tel.

DÉCOMPOSITION DES SILICATES PAR LES ACTIONS MÉCANIQUES.

Dans ses expériences relatives à la formation des galets, du sable

et du limon, M. Daubrée avait remarqué que la trituration des
roches feldspathiques dans l'eau ne produisait pas seulement différents matériaux pulvérisés ou clastiques, mais que cette division
mécanique est accompagnée d'une décomposition chimique, qui
se décèle par la présence d'une certaine quantité d'alcali dans le
liquide où s'opère le mouvement.

L'auteur a soumis ce fait à une étude spéciale, dont il a récemment publié les résultats [1]. La substance minérale était placée avec
de l'eau dans un vase cylindrique doué d'un mouvement de rotation. Les résultats variant suivant la nature du vase et suivant la
nature des liquides au sein desquels s'opère la trituration, on a
dû soumettre la même substance à divers essais, successivement
dans des cylindres en grès et en fer, et en présence soit de l'eau
pure, soit de l'eau tenant en dissolution quelques-uns des agents
les plus répandus dans la nature.

Feldspath et eau pure. — Le feldspath en fragments, soumis à
une longue trituration en présence de l'eau distillée, et dans des
cylindres en grès, subit une décomposition notable, accusée par la
présence dans l'eau de silicate de potasse qui la rend alcaline.

Quand on opère dans un cylindre en fer, l'action est en apparence plus compliquée. L'eau devient alcaline, comme dans le
premier cas, ce qu'il est facile de reconnaître avec le papier rouge
de tournesol; mais elle ne renferme plus de silice. Cette différence
tient à l'intervention de la nature métallique du vase dans la réaction. Le fer très-divisé que produit le frottement des fragments
pierreux contre les parois s'oxyde pendant l'expérience, et l'oxyde
de fer formé s'empare de la silice du silicate alcalin, à mesure que
ce dernier se sépare du feldspath. Il ne reste dans l'eau que de la
potasse libre.

Trois kilogrammes de feldspath, après un mouvement prolongé

---

[1] *Comptes rendus de l'Académie des sciences,* t. LXIV, p. 339, 1867.

pendant 192 heures dans un cylindre en fer, et correspondant à un parcours de 400 kilomètres, ont formé, pendant ce temps, une quantité de limon du poids de 2,700^g. Les cinq litres d'eau dans lesquels s'était opérée la trituration ne renfermaient pas alors moins de 12^g, 60 de potasse : soit, par litre, 2^g, 52 de cet alcali.

On aura une idée de la force alcaline de ce liquide, par ce fait qu'une eau renfermant par litre 2 grammes de potasse ou de soude caustique donne déjà un lessivage assez satisfaisant. Qui pourrait dire s'il n'y a pas là le point de départ d'une application industrielle ou agricole?

On admet, en général, que dans la décomposition des silicates qui renferment de l'alumine avec des bases à un équivalent d'oxygène, ces dernières seules sont éliminées, et que l'alumine se rencontre en totalité dans le résidu. Il importe de remarquer que, dans les expériences dont il vient d'être question, la liqueur surnageante renferme toujours, outre la silice et la potasse, une certaine quantité d'alumine qui a suivi l'alcali.

A part ces trois substances, le liquide donne aussi des réactions qui caractérisent des traces de sulfates et de chlorures. La présence de ces sels s'explique par leur interposition fréquente dans les roches feldspathiques; mais une telle origine ne saurait être admise pour la potasse, l'alumine et la silice.

En effet, et ceci est digne de remarque, si l'on triture le feldspath à sec, on le réduit en poudre impalpable; mais cette poussière sèche ne communique à l'eau, même après un contact prolongé, qu'une réaction à peine alcaline. Il n'en serait pas de même, si le feldspath renfermait de la potasse interposée, ou s'il avait subi une décomposition antérieure à l'expérience.

Ce dernier résultat montre également que la trituration seule ne suffit pas à effectuer la décomposition du feldspath, et que l'eau elle-même, agissant ultérieurement sur la poussière feldspathique, ne produit pas non plus d'effet bien sensible. Pour que la décomposition se produise, il faut que la division mécanique et l'action dissolvante de l'eau s'exercent simultanément, de telle sorte que la force de l'affinité capillaire intervienne, selon les idées et les expressions consacrées par M. Chevreul.

Feldspath et eau salée. — Comme la trituration des roches s'opère non-seulement sur les continents, mais aussi dans la mer, il importait de savoir comment du feldspath se comporte en se broyant au milieu de l'eau salée. Seulement, au lieu de prendre l'eau de mer, dont la composition est complexe, l'auteur a employé une dissolution bien définie, qui renfermait 3 pour 100 de chlorure de sodium.

Toutes les conditions de l'expérience étant les mêmes que précédemment, on n'a pu obtenir, aussi bien dans un vase en fer que dans un vase en grès, qu'une réaction alcaline très-faible et incomparablement moindre que celle qui se manifeste dans l'eau distillée. La présence du chlorure de sodium arrête la décomposition. La nature du dissolvant exerce donc ici une influence inattendue sur le résultat final.

Action de l'acide carbonique. — M. Daubrée a reconnu que la présence de l'acide carbonique, dans un vase de nature inattaquable par ce réactif, a pour effet d'aider puissamment à la décomposition.

Dans un vase en fer, les choses se passent tout autrement : le métal très-divisé, enlevé par le frottement aux parois du cylindre, est d'abord attaqué avec une très-grande énergie. Il se produit du carbonate de fer, que l'on trouve dissous dans l'eau, en même temps que l'on constate un dégagement d'hydrogène dû à la décomposition de l'eau. Quant au feldspath, il est également attaqué, mais moins que dans l'eau pure, en sorte que l'eau chargée d'acide carbonique devient beaucoup moins sensiblement alcaline que l'eau distillée.

Le limon obtenu dans ces expériences est d'une extrême ténuité, et possède une certaine plasticité qui le fait ressembler à

4.

de l'argile à pâte courte; mais l'examen chimique prouve que ce limon est à peu près anhydre, et que c'est simplement une boue feldspathique.

On trouve dans les terrains stratifiés, à divers étages et dans beaucoup de contrées, des substances désignées sous le nom d'*argiles fusibles*, d'*argilolithes*, qui présentent de grandes ressemblances avec ce limon feldspathique; il en est de même des phyllades ou schistes argileux, qui renferment souvent 6 à 7 pour 100 de potasse. Une partie des éléments constituants de ces roches sédimentaires, dont la composition élémentaire se rapproche d'ailleurs, en général, de celle des roches granitiques, paraît donc provenir, non de la décomposition, mais de la simple trituration des roches feldspathiques ou silicatées.

Observation générale. — On savait par les recherches de Berthier et de Forchhammer sur les kaolins et surtout par les belles études d'Ebelmen, que les minéraux silicatés qui renferment de la potasse, comme le feldspath, abandonnent une partie de leur alcali à l'état soluble, lorsqu'ils se décomposent spontanément sur place.

Les observations qui précèdent montrent que, derrière le fait en apparence si simple de la division mécanique des roches par le frottement et la trituration, se cache une action chimique lente et graduelle, assez énergique pour décomposer un minéral résistant à l'action des acides, et des plus stables que nous connaissions. On se trouve ainsi en présence d'une nouvelle cause d'élimination de la potasse qui est tenue, comme en réserve, dans divers silicates, et du passage continuel de cet alcali, à l'état de dissolution, dans les eaux qui se meuvent à la surface du globe, et par l'intermédiaire desquelles elle peut être absorbée par les végétaux. Des frottements s'opèrent en effet de toutes parts, notamment dans le lit des torrents et des fleuves, où les galets roulent sans cesse les uns sur les autres, ainsi que sous la pression des nappes mobiles d'eau, solidifiée par la congélation, qui constituent les glaciers.

INFILTRATION POSSIBLE DE L'EAU DANS LES PROFONDEURS, MALGRÉ DES
CONTRE-PRESSIONS DE VAPEUR.

Chaque jour, dans les grands phénomènes qui sont pour nous la principale manifestation de l'activité interne du globe, on voit se dégager de sa profondeur des quantités énormes de vapeur d'eau.

On peut se demander si ces pertes incessantes ne seraient pas réparées, au moins partiellement, par une alimentation partant de la surface, et, s'il en est ainsi, par quel procédé s'opéreraient les infiltrations.

Il serait difficile de comprendre que cette alimentation se produisît par des fissures libres : car l'eau, une fois réduite en vapeur, devrait toujours faire retour par ces fissures qui l'auraient amenée à l'état liquide, sans avoir besoin de se constituer des cheminées de remonte spéciales. Ceci s'applique tout particulièrement au mécanisme des volcans, où la vapeur interne possède une tension assez considérable pour pousser des colonnes de laves, environ trois fois plus denses que l'eau, jusqu'à de grandes hauteurs au-dessus du niveau de la mer. Il n'y aurait qu'un moyen de rendre l'explication admissible : ce serait de supposer que la fissure d'alimentation, après avoir fonctionné, vient à se refermer, à s'obstruer, pour se rouvrir plus tard, et que ce mécanisme se reproduit toujours de même pour chaque éruption; mais c'est là un jeu intermittent très-difficile à admettre dans la nature.

M. Daubrée a été ainsi conduit à rechercher si l'eau ne pourrait pas s'introduire par un autre moyen dans les réservoirs profonds et chauds qui la débitent de diverses manières, et il s'est demandé si elle ne se servirait pas pour y pénétrer de la *porosité* et de la *capillarité* des roches [1].

[1] Expériences sur la possibilité d'une infiltration capillaire au travers des matières poreuses malgré une forte compression de vapeur ; application possible aux

Un appareil très-simple a été employé dans ces recherches; voici en quoi il consiste : une plaque circulaire de deux centimètres d'épaisseur, taillée dans la roche en expérience [1], sépare deux chambres superposées et à parois résistantes. La chambre supérieure reste ouverte, c'est-à-dire en communication libre avec l'atmosphère; la roche constitue sa face inférieure. La seconde chambre est vide; la roche forme sa paroi supérieure; elle est mise en communication avec un manomètre. Ceci posé, l'appareil tout entier est porté à une température de 160 degrés environ. On verse de l'eau dans la chambre supérieure. Aussitôt, on voit le liquide s'infiltrer au travers de la paroi de pierre, et, en même temps, la colonne mercurielle s'élève dans le manomètre, de façon à accuser bientôt près de deux atmosphères de pression.

Si alors on se débarrasse d'une partie de la vapeur accumulée dans la chambre inférieure, de façon à faire descendre la colonne de plusieurs centimètres, on ne tarde pas à voir la pression reprendre sa valeur primitive. Il se fait donc là une véritable alimentation à travers la roche.

L'eau a traversé les pores de la roche par l'action de la capillarité; ceci n'a rien de nouveau. Elle l'a fait malgré une certaine compression de vapeur; c'est ce que pouvaient faire pressentir les expériences bien connues de M. Jamin. Mais une chose importante à constater ici, c'est que la marche de l'eau dans la roche a atteint, par l'action de la chaleur, des proportions tout autres, et incomparablement plus grandes que celle qui a lieu par l'imbibition et la transsudation simple. On comprend du reste que la surface inférieure du disque étant sans cesse desséchée par la chaleur qu'elle reçoit, il en résulte, par suite de la tendance au rétablis-

phénomènes géologiques (*Comptes rendus de l'Acad. des sciences*, t. LII, p. 123, 1861).— *Bullet. de la Société géologique de France*, 2ᵉ série, t. XVIII, p. 193, 1861.

[1] La roche qui a servi à obtenir les résultats dont on va rendre compte est le grès bigarré à grains fins et serrés que l'on emploie à Strasbourg pour les constructions.

sement de l'équilibre d'humidité dans la roche, une sorte d'appel des molécules d'eau qui saturent les parties voisines de la surface supérieure.

Les effets de l'appareil augmenteront, sans doute, dès qu'on augmentera l'épaisseur de la plaque poreuse interposée, et qu'on pourra ainsi faire acquérir à la vapeur une température plus élevée; mais les expériences réalisées dès à présent par M. Daubrée semblent suffire pour jeter quelque jour sur certains phénomènes géologiques.

On sait, en effet, que la plupart des roches sont assez poreuses pour se laisser journellement pénétrer par l'eau, ainsi que le témoigne l'*eau* dite *de carrière,* qu'elles renferment en général dans la nature. Le grès qui a servi aux expériences qui viennent d'être décrites, quoique à grain fin et serré, peut absorber 6,9 pour 100 de son poids d'eau ; les interstices forment donc 17,2 pour 100 de son volume.

Le granite, qui forme le fondement des terrains sédimentaires, est ordinairement, il est vrai, très-peu perméable; mais il est traversé en beaucoup de lieux par des injections de roches éruptives. Or, parmi ces dernières, il en est, comme les trachytes, de si poreuses qu'elles pourraient être tout particulièrement soupçonnées d'établir une communication capillaire permanente entre l'eau de la surface et les masses chaudes qui servent de base à ces sortes de colonnes souterraines.

Supposons une cavité séparée des eaux de la surface, marines ou continentales, par des roches qui ne soient pas tout à fait imperméables; admettons en outre que cette cavité soit à une profondeur assez grande pour que sa température soit très-élevée : les conditions principales de l'expérience que nous venons de rapporter ne seront-elles pas ainsi reproduites ?

C'est ainsi que l'eau pourrait être forcée par la capillarité, agissant concurremment avec la pesanteur, à pénétrer, malgré des contre-pressions intérieures très-fortes, des régions superficielles et froides du globe jusqu'aux régions profondes et chaudes, où, à raison de la température et de la pression qu'elle aurait acquises, elle deviendrait capable de produire de grands effets mécaniques et chimiques. Quant à la manière dont l'eau s'échapperait des régions profondes où elle serait ainsi accumulée, il n'y aurait à modifier en rien l'idée généralement reçue, qu'elle profite, pour remonter, des grandes lignes de fracture de l'écorce terrestre, comme l'attestent les longues files bien connues de volcans que Léopold de Buch a signalées à l'attention.

En résumé, sans exclure l'eau originaire, et en quelque sorte de constitution initiale, que l'on suppose généralement incorporée aux masses intérieures et fondues, M. Daubrée est porté à conclure de l'expérience ci-dessus relatée, que l'eau de la surface pourrait, sous l'action combinée de la capillarité et de la chaleur, descendre jusque dans les parties profondes du globe. Ces parties seraient ainsi établies dans un état journalier de recette et de dépense, et cela par un procédé des plus simples, mais bien différent du mécanisme du siphon.

Un phénomène lent, continu et régulier donnerait lieu, de temps à autre, par suite de ruptures secondaires d'équilibre, à des manifestations brusques et violentes, telles que les éruptions volcaniques et les tremblements de terre.

TROISIÈME PARTIE.

MÉTAMORPHISME.

CHAPITRE PREMIER.

PARTIE HISTORIQUE ET DESCRIPTIVE.

Une des premières et plus importantes questions que la géologie ait été appelée à résoudre, c'est de reconnaître quelle est, dans la formation du revêtement solide du globe, la part qu'il faut faire à l'action aqueuse et celle qu'on doit attribuer à l'action ignée. La question, quoique débattue depuis longtemps, n'a pas encore reçu de solution définitive; elle s'est même compliquée, depuis qu'en étudiant plus rigoureusement les divers terrains, on en a trouvé partout qui présentent manifestement l'empreinte d'une double origine. Est-ce au moment même où ils se formèrent que ces terrains ambigus ont acquis leur double caractère, ou bien l'un de ces caractères est-il consécutif à l'autre? et, dans ce dernier cas, comment se rendre compte d'une pareille succession d'effets ? Tels sont les sujets dont l'étude constitue dans sa plus grande généralité la partie de la géologie que l'on a appelée *métamorphisme*.

Les premières idées sur le métamorphisme ne sont guère plus anciennes que ce siècle. Elles ont apparu à l'époque où régnaient les doctrines fondées sur les principes de Werner.

D'après le célèbre professeur de Freyberg, le granite et les autres roches cristallines sont des dépôts de la mer, tout aussi bien que les roches stratifiées et fossilifères. A une époque reculée, les diverses matières dont dérivent ces terrains ont été soit dissoutes, soit en suspension dans l'océan. C'est de cet océan *chaotique* que se sont successivement séparés tous les terrains, les uns par voie

chimique, les autres par voie mécanique. Cette dernière différence
de formation distingue les roches cristallines des roches sédimentaires.

Suivant ce système, le granite qui compose les cimes les plus
élevées du globe, et qui, en outre, supporte les terrains régulièrement stratifiés, a été formé le plus anciennement avec les grès et
les roches schisteuses cristallines qui lui sont souvent associés.

Plus tard, la mer diminua de hauteur en se retirant des cavités
intérieures du globe. Pendant cette seconde période, elle continuait
à opérer une précipitation chimique de silicates; mais, en même
temps, elle commença aussi à former des dépôts mécaniques. C'est
par ce double procédé, chimique et mécanique, qu'ont pris naissance les terrains de *transition* ou *intermédiaires*, qui renferment, en
effet, des roches cristallines associées à des roches sédimentaires
contenant des fossiles. — Dans une nouvelle période de décroisse-
ment des eaux se sont formés les terrains *secondaires*. — Pendant
leur consolidation, les terrains ont éprouvé des ruptures d'où sont
résultées des cavités de toute dimension; l'eau, en se retirant dans
ces cavités, a incrusté, de différentes matières qu'elle tenait en solution, les longues fissures par lesquelles elle y pénétrait, et a donné
ainsi naissance aux *filons métallifères.*

On voit que, dans le système de Werner, tous les terrains ont
été dès l'origine tels que nous les voyons aujourd'hui. L'activité
interne du globe était complétement méconnue, aussi bien dans la
formation des roches cristallines et des dépôts métallifères que
comme cause des dislocations subies par les terrains stratifiés de
tous les âges.

Pendant que l'enseignement de Werner commençait à captiver
l'attention générale et à exciter l'enthousiasme de ses élèves, grâce
au charme de la parole du maître et à la puissance de méthode
avec laquelle les faits alors connus s'y trouvaient coordonnés, une
autre doctrine bien différente prenait naissance en Écosse. Doué
d'un génie d'observation non moins éminent que celui du profes-

seur de Freyberg, James Hutton arrivait à des conclusions oppo-
sées sur certains phénomènes fondamentaux, et ces deux écoles
antagonistes s'établissaient simultanément.

Hutton explique l'histoire du globe avec autant de simplicité
que de grandeur. L'atmosphère est la région où les roches se décomposent ; puis leurs débris vont s'accumuler dans le fond de la
mer. C'est dans ce grand laboratoire que les matières meubles sont
ensuite minéralisées et transformées, sous la double action de la
pression de l'océan et de la chaleur, en roches cristallines ayant
l'aspect des roches anciennes, lesquelles seront soulevées plus tard
par l'action de cette même chaleur interne et démolies à leur tour.
La dégradation d'une partie du globe sert donc constamment à la
reconstruction d'autres parties, et l'absorption continue des dépôts
inférieurs produit sans cesse de nouvelles roches qui peuvent être
injectées à travers les sédiments. C'est un système de destruction
et de renouvellement dont on ne peut pressentir ni le commencement ni la fin. Comme dans les mouvements planétaires, où les
perturbations se corrigent elles-mêmes, on voit des changements
continuels, mais renfermés dans de certaines limites, de telle sorte
que le globe ne porte aucun caractère d'enfance ni de vieillesse.

En considérant cette action comme un phénomène *continu,*
Hutton a obscurci sa belle conception ; mais il a rendu un immense
service en montrant que les agents naturels qui fonctionnent sous
nos yeux doivent servir à expliquer l'histoire du globe, et qu'il ne
faut pas recourir à d'autres moyens d'action que ceux que nous
montre aujourd'hui la nature, tandis que tous les autres systèmes,
au contraire, supposaient des événements sans aucune analogie
avec ce qui se passe maintenant.

Ainsi Hutton est bien le fondateur du principe fécond de la transformation des roches sédimentaires sous l'action de la chaleur.

Toutefois il y a beaucoup de réserves à faire sur des conclusions
aussi absolues : comme la plupart des hommes de génie, Hutton
a exagéré la portée des idées qu'il avait conçues. On ne peut cepen-

dant songer sans admiration avec quelle profonde pénétration et quelle rigueur d'induction cet homme si clairvoyant, à une époque où les observations précises étaient encore bien peu nombreuses, admettant le premier le concours simultané de l'eau et de la chaleur dans la formation des terrains, imaginait un système qui embrasse toute l'histoire physique du globe. Il a posé des principes qui sont aujourd'hui universellement admis, au moins dans ce qu'ils ont de fondamental.

On peut être surpris que des idées si profondément justes pour la plupart, et déjà appuyées sur beaucoup d'observations précises, soient restées longtemps pour ainsi dire inaperçues sur le continent. A Édimbourg même, un disciple ardent de Werner, Jameson, venait combattre les doctrines que l'on peut appeler écossaises, avec des arguments qu'il rapportait en ligne droite de l'école de Freyberg. En France, Dolomieu, Giraud-Soulavie, Faujas-Saint-Fond, qui, depuis la fin du siècle dernier, battaient en brèche l'hypothèse de Werner sur l'origine aqueuse des basaltes, et d'Aubuisson, que l'étude de l'Auvergne obligea un peu plus tard à adopter l'opinion opposée à celle de son maître, n'accordèrent que peu d'attention à des idées vers lesquelles ils auraient dû, il semble, se sentir vivement attirés. Cuvier, dans le rapport sur le progrès des sciences naturelles depuis 1789, qu'il publia en 1808, ne cite Hutton que pour signaler avec beaucoup de doute l'opinion de ce savant sur l'intervention de la chaleur dans l'origine du basalte.

Ce n'est réellement qu'à partir de 1815, après que les relations de la Grande-Bretagne furent renouées avec le continent, que les travaux de Hutton et de ses disciples commencèrent à être connus dans le reste de l'Europe; alors seulement parut la traduction française de l'ouvrage de Playfair, qui avait été publié treize ans auparavant à Édimbourg [1].

---

[1] *Explication de Playfair sur la théorie de la terre par Hutton,* traduit par Basset. Paris, 1812.

Peu d'années après, MM. Boué, Necker, Lyell, contribuèrent à propager les idées de Hutton. Mais ce qui excita au plus haut degré l'attention à cette époque, ce fut le travail que Léopold de Buch publia en 1822 sur la géologie du Tyrol méridional. Déjà dans le siècle dernier, Arduino avait attribué l'origine de la dolomie du Vicentin à une transformation du calcaire. Vingt ans après, Heim, géologue allemand dont les ouvrages renferment une foule de faits alors neufs et judicieusement observés, fit en Thuringe des observations qui l'amenèrent aux mêmes conclusions.

Plus tard, Léopold de Buch, dans son travail sur le Tyrol méridional, présenta de nouveau cette hypothèse d'une manière saisissante en lui donnant une plus grande portée. Pour lui, les masses colossales et déchirées de dolomie de la vallée de Fassa ne sont autres que des calcaires, dans les innombrables fissures desquels les éruptions de mélaphyre qui les ont soulevés et brisés ont introduit la magnésie à l'état de vapeur. Il amenait ainsi à cette conclusion que ce n'est pas la chaleur seule, mais aussi des émanations chimiques qui peuvent avoir transformé les roches. C'était, en outre, agrandir l'importance des dislocations mécaniques en montrant comment elles peuvent ouvrir des sources de sublimations ou de vapeurs qui réagissent ultérieurement sur les roches. C'était, en un mot, un nouveau point de vue introduit dans la science par celui qui déjà alors était à la tête des géologues.

Les Alpes, qui seront à jamais une région classique pour la géologie, tant à cause des actions qui ont donné naissance à cette chaîne que par les profondes et imposantes déchirures dans lesquelles elle expose sa constitution interne, ont fourni, avec l'Écosse, les observations fondamentales pour la théorie du métamorphisme. Les études auxquelles les Alpes donnèrent lieu de la part de M. Brochant, de M. Studer et de M. Élie de Beaumont conduisirent à ce résultat que des roches relativement récentes ont acquis, sous l'action de forces émanant de la profondeur, un *facies* identique à celui des roches anciennes.

Chargé, en 1829, du cours de géologie de l'École des Mines, M. Élie de Beaumont contribua puissamment à propager les doctrines auxquelles il avait apporté un si large tribut, surtout à l'aide des faits observés par lui-même dans les Alpes ou empruntés aux Mémoires de Macculloch sur l'Écosse. La comparaison par laquelle il résumait les passages graduels des roches sédimentaires aux roches cristallines, en les assimilant à « la structure physique d'un tison à moitié charbonné, dans lequel on peut suivre les traces des fibres ligneuses bien au delà des points qui présentent encore les caractères naturels du bois, » est aussi claire que profonde. Il montrait d'ailleurs que des calcaires et d'autres roches peuvent avoir cristallisé, sans qu'il y ait eu fusion, de même qu'il arrive à une barre de fer longtemps chauffée au-dessous de son point de ramollissement.

Les Pyrénées révélèrent aussi, à la même époque, des faits qui confirmèrent et étendirent les nouvelles idées.

Déjà, en 1819, un observateur aussi judicieux que modeste, Palassou, après avoir exploré pendant quarante ans ces montagnes, avait annoncé avec certitude qu'il n'existe pas de calcaires primitifs dans cette chaîne, et que des calcaires aussi cristallins que le marbre de Paros alternent avec des couches à fossiles et en renferment quelquefois eux-mêmes.

M. Dufrénoy fit voir que ces transformations sont dues à l'intercalation de massifs granitiques, qu'elles ont eu lieu dans toute l'étendue de la chaîne, et qu'elles ont affecté des terrains d'âge varié, jusques et y compris la craie. Il montra plus tard que des amas de minerai de fer ont aussi été produits postérieurement au terrain de craie, dans le voisinage du granite, et comme une conséquence du soulèvement de cette chaîne. Ainsi, la formation de roches métamorphiques et de gîtes métallifères attestait la puissance d'action du granite. En outre, M. Dufrénoy trouva aussi dans le terrain crétacé des effets d'altération particuliers dus au voisinage des ophites.

· Pendant le premier tiers de ce siècle, on avait dû, à l'exemple de
Hutton, considérer la chaleur, aidée de quelques substances volatiles, comme la cause à peu près exclusive de tous les phénomènes
métamorphiques. On pensait que les roches transformées ont cristallisé, après avoir été ramollies et peut-être imbibées par les masses
ignées voisines ou sous-jacentes. Toutes les expériences synthétiques
des ateliers métallurgiques et des laboratoires semblaient ratifier complétement cette manière de voir. Certains faits plus attentivement
observés vinrent se mettre à l'encontre d'une hypothèse si générale-
lement admise. C'est en vain que, pour lever des objections sé-
rieuses, on fit intervenir des actions de cémentation, d'électricité,
de dissolution possible de certains silicates les uns par les autres.
Des doutes profonds avaient pris naissance et, depuis lors, ils ne
firent que grandir. A ce moment, une voie nouvelle semble s'ouvrir;
nous allons voir ceux qui s'y sont avancés les premiers.

On a d'abord reconnu que les filons métallifères ne peuvent, pour
la plupart, avoir été remplis ni par voie de fusion, ni par voie de
sublimation, mais par des matières tenues en dissolution dans des
eaux qui étaient à une haute température.

D'ailleurs, l'étude des terrains métamorphiques eux-mêmes montrait des circonstances que la voie sèche ne peut expliquer, et notamment l'étendue et l'uniformité des massifs transformés, le mode
de dissémination et d'agencement des minéraux qui ont pris naissance dans des roches qu'on reconnaissait n'avoir pas été ramollies
et n'avoir jamais subi une température très-élevée.

A cette occasion, il convient de rappeler les nombreuses observations de M. Bischof, qui, muni d'une critique très-judicieuse et
dés armes de la chimie, n'a cessé de combattre les idées ultraplu-
toniques qui étaient en vogue à l'époque dont nous parlons.

En même temps que les observations tendaient à faire admettre
l'action de l'eau dans le métamorphisme, on reconnaissait, d'autre
part, que la roche éruptive à laquelle on a attribué la puissance de
transformation la plus énergique sur les masses encaissantes, le gra-

nite, n'a lui-même pu être produit par voie de fusion purement ignée.

On arrivait à conclure de diverses observations que le mode de formation de granite doit avoir un caractère intermédiaire entre l'origine des filons ordinaires et l'origine des éruptions volcaniques et basiques, et que l'état éminemment cristallin de cette roche ne provient pas de ce qu'elle se serait solidifiée à de grandes profondeurs.

Les ingénieuses observations de M. Sorby, sur les liquides renfermés dans les vacuoles microscopiques des roches, ont confirmé l'intervention de l'eau et de la chaleur dans la formation du granite.

Un autre ordre de faits est encore venu à l'appui de cette induction que le granite a dû être plastique, sans posséder une température très-élevée; c'est que les roches au milieu desquelles il a été injecté à l'état pâteux ne présentent quelquefois qu'une modification à peine sensible, même à leur contact immédiat avec lui.

Les roches éruptives autres que le granite paraissent également avoir été formées avec le concours de l'eau, et, pour la plupart, à une température bien moins élevée qu'on ne l'avait soupçonné.

C'est ainsi que l'on est arrivé à la conclusion que l'eau, aidée de quelques substances, devait avoir été à peu près partout, dans le métamorphisme aussi bien que dans la formation des principaux gîtes métallifères et des roches éruptives elles-mêmes, un coopérateur puissant de la chaleur.

Depuis que la doctrine du métamorphisme s'est introduite dans la science, les observations qui sont venues la confirmer et la préciser sont très-nombreuses.

Parmi les études faites en France que nous avons particulièrement à mentionner ici, nous citerons les principales :

Les accidents métallifères, siliceux et dolomitiques, qui marquent, sur beaucoup de points de la France centrale, le contact du lias et du granite, et qui paraissent se rattacher au métamorphisme, ont été d'abord étudiés par M. de Bonnard[1].

M. Ami Boué a le mérite d'avoir, l'un des premiers, apprécié à leur juste valeur les idées de Hutton et de s'en être constitué le défenseur dans ses *Études sur l'Allemagne*.

La découverte de schistes à la fois maclifères et renfermant des fossiles, dans les terrains de transition de la Bretagne, par M. de Boblaye, a introduit un nouvel élément bien positif dans la question du métamorphisme[2].

Outre les Mémoires où M. Fournet a fait connaître, depuis 1836, un très-grand nombre d'observations précises et de remarques ingénieuses sur le métamorphisme, parmi lesquelles on peut citer ses *Études sur les Alpes* (1845 à 1849), ce savant professeur a réuni à la Faculté des sciences de Lyon une collection intéressante qui a été étudiée par beaucoup de géologues.

D'après M. Fournet, quand la masse plutonique a modifié le terrain sédimentaire, ce qui est le cas le plus ordinaire, il y a *exomorphisme*. Dans d'autres cas, c'est le dépôt sédimentaire qui a dénaturé la masse plutonique, et il y a eu *endomorphisme*[3]. Enfin, il arrive que l'une et l'autre masse se sont dénaturées réciproquement, et l'on a des soudures et même des magmas plus ou moins variés. Dans ces effets de contact ou de promiscuité doivent nécessairement intervenir tous les phénomènes qui peuvent se manifester par suite de l'action de la chaleur sur les matières minérales. Tels sont d'abord les simples endurcissements, les fissurations, les décolorations ou autres changements de couleur, les ramollissements et fusions plus ou moins parfaites, et les cristallisations qui ont suivi le refroidissement. De plus, il ne faut pas négliger les influences de la liquidité, de la viscosité, et, par suite,

---

[1] *Annales des mines*, 1ʳᵉ série, t. VIII, 1824.

[2] *Comptes rendus de l'Académie*, 1838, et *Bull. de géol.* 1ʳᵉ série, t. X.

[3] M. Fournet a donné lui-même, récemment, un résumé de ses idées sur ce sujet (Société des sciences industrielles de Lyon — 10 juillet 1867).

les imbibitions plus ou moins parfaites auxquelles se prêtent encore de différentes manières les textures tantôt poreuses, tantôt schisteuses, tantôt compactes des masses sédimentaires. Surviennent aussi les effets de la surfusion, de la réincandescence, ceux de la dissociation lorsqu'il s'agit d'éléments gazéifiables, et finalement, le rôle de la pression.

M. Virlet a depuis longtemps fait connaître de nombreux effets du métamorphisme en Grèce, et a même étendu l'idée du métamorphisme à l'extrême, probablement au delà des limites convenables, en l'appliquant aux roches éruptives, telles que le trachyte, et tout récemment jusqu'aux ophites des Pyrénées.

M. Scipion Gras a fait aussi de nombreuses observations sur les roches cristallines des Alpes du Dauphiné et de la Savoie, et considéré les spilites de cette chaîne comme métamorphiques.

L'ouvrage de M. Puton sur les métamorphoses survenues dans les roches des Vosges (1838) renferme aussi beaucoup de faits bien observés.

M. Coquand a fourni des faits intéressants pour le métamorphisme, particulièrement en décrivant les solfatares de la Toscane et en étudiant la formation des gypses et de la dolomie.

On doit à M. Durocher, prématurément enlevé à la science, une étude approfondie du métamorphisme, fondée surtout sur des observations qu'il a lui-même recueillies dans les Pyrénées, en Bretagne et en Scandinavie [1].

Il apporte aussi de nouvelles preuves à cette opinion que, dans une foule de cas, les modifications se sont certainement produites à des températures médiocrement élevées et bien insuffisantes pour donner lieu à un ramollissement. En outre, il montre que ce n'est

---

[1] *Études sur les métamorphismes des roches,* 1 vol. in-8°, Paris, 1857-1858, et *Annales des mines,* 1 vol. in-4°, 1860. — Extrait du t. XVIII des Mémoires présentés par divers savants à l'Académie des sciences. — *Annales des mines,* 1853, t. III, p. 747. — *Annales des mines,* 4ᵉ série, t. XX, p. 141. — *Bulletin de la Société géologique,* 1ʳᵉ série, t. IX, p. 664.

pas toujours dans les points les plus voisins du contact des masses
pyrogènes que l'on trouve les minéraux silicatés les mieux formés,
et il arrive à cette opinion, que la chaleur a joué le rôle d'une cause
préparatoire, à laquelle sont venues se joindre l'électricité, l'attraction moléculaire, les affinités chimiques, de telle sorte qu'il en est
résulté tantôt un simple changement de texture, tantôt la cristallisation de minéraux particuliers.

Le gisement, la disposition et l'origine d'une quarantaine de
minéraux, qui appartiennent pour la plupart au groupe des silicates, ont aussi occupé M. Durocher. Il a, en outre, fait connaître
les distances auxquelles se sont étendues ces modifications dans
diverses contrées, et la disposition remarquable des zones modi-
fiées qui suivent les contours des roches massives. M. Durocher
a enfin montré que l'émanation des sources thermales se rattache
aux phénomènes de contact, de même que les effets du métamorphisme et la formation d'un grand nombre de gîtes métallifères.

Dans ses *Études sur le métamorphisme*, M. Delesse [1] a cherché à
préciser le métamorphisme de contact, au moyen de l'analyse chimique [2].

Au lieu de procéder par synthèse, comme l'ont fait d'autres
savants dans le même champ de recherches, il a eu spécialement
recours à l'observation directe sur le terrain et à l'analyse des
roches dans le laboratoire. Dans ce but, M. Delesse a étudié sur
place un grand nombre de gisements classiques en France, en
Suisse, en Allemagne et en Angleterre. Des collections provenant de ces localités ont ensuite été examinées dans le laboratoire. Afin de définir avec netteté les métamorphoses subies par
une roche, M. Delesse faisait l'analyse de la roche à l'état normal
et à l'état métamorphisé. De cette manière il pouvait déterminer,
par comparaison, les substances qu'elle avait gagnées et celles
qu'elle avait perdues. A l'aide d'un examen minéralogique, il ap-

[1] *Bulletin de la Société géologique*, t. IV, p. 1380.

[2] *Bulletin de la Soc. géol. de France*, 2ᵉ série, t. III, p. 546, 1846.

préciait d'ailleurs les minéraux qui s'y étaient développés et les changements qu'elle avait subis dans ses propriétés physiques. Autant que possible, les échantillons qui servaient à ces études comparatives étaient pris à petite distance l'un de l'autre, de sorte que leurs variations ne tenaient pas à l'instabilité de composition des roches, mais étaient bien le résultat de leur métamorphisme. C'est surtout le métamorphisme spécial, ou de contact, qui se prête bien à des recherches de ce genre. L'auteur l'a étudié successivement dans la roche éruptive et dans la roche encaissante.

Considérant les principales roches éruptives, volcaniques et plutoniques, il a décrit les modifications qu'elles éprouvent vers la limite de leurs filons, dans leur structure, ainsi que dans leur composition minéralogique et chimique.

Il est également entré dans des détails circonstanciés sur les effets qu'elles produisent dans les roches encaissantes, et il les passe en revue pour les combustibles, les gypses, les roches calcaires, siliceuses et argileuses.

L'auteur s'est ensuite occupé du métamorphisme général qui s'étend à des régions entières. Il l'a étudié successivement dans les roches métallifères ou anormales, dans les roches éruptives et dans les roches stratifiées. Partant des caractères que ces différentes roches présentent à l'époque actuelle, ou bien dans les régions où elles sont restées à l'état normal, il a décrit les altérations qu'elles paraissent présenter dans leur structure et dans leur composition minéralogique, lorsqu'elles ont été soumises au métamorphisme général. Ce sont surtout les roches offrant une composition exceptionnelle qui permettent de suivre avec netteté le développement de la cristallisation et les progrès du métamorphisme général; tels sont notamment les minerais de fer, les combustibles, les gypses, les roches phosphatées ou calcaires.

Après avoir étudié les effets du métamorphisme, M. Delesse a cherché à remonter à ses causes; ainsi il s'est occupé des agents qui ont contribué à modifier l'écorce terrestre. Parmi les agents physiques, la chaleur réclamait une attention toute spéciale, à cause du rôle de premier ordre qui lui avait été attribué, et son action sur les différentes roches a été étudiée expérimentalement. Parmi les agents chimiques, l'eau demandait un examen analogue, et les recherches dont il vient d'être question ont contribué à faire reconnaître son importance.

S'il était possible d'entrer dans plus de détails, nous signalerions encore bien d'autres géologues en France, et notamment MM. Alex. Brongniart[1], d'Omalius[2], A. Burat, de Boucheporn, Ch. Deville, Gueymard, Lory, Angelot, Drouot, Delanoue, Kœchlin-Schlumberger[3].

Quoique ce Rapport concerne spécialement les travaux faits en France, je crois devoir signaler en peu de mots quelques-uns des plus remarquables faits à l'étranger :

Sir Henry de la Bèche, dans son *Manuel théorique*, dans l'*Art d'observer*, dans ses *Recherches géologiques*, enfin dans le *Geological Report on Cornwall and Devon*, a émis sur le métamorphisme une foule d'observations judicieuses et fines, comme sur tous les autres sujets de de la géologie. Les ouvrages de Sir Roderick Murchison sur les terrains siluriens de l'Angleterre, sur les Alpes et sur l'Oural, présentent de nombreux et importants exemples de métamorphisme. Dans la description qu'il a tracée de la côte d'Antrim, M. Conybeare a bien montré les actions que le basalte a fait éprouver à la craie. Parmi les travaux de M. John Phillips, il faut citer particulièrement le Rapport sur le clivage schisteux qu'il a inséré dans les *Mémoires de l'Association britannique*. Citons encore les noms de Sir James Mackensie, Jameson, Buckland, Greenough, Sedgwick, Daubeny, Berger, Portlock, Poulett-Scrope, Henslow Ramsay, Gages.

---

[1] Brongniart, *Sur les ophiolithes et sur les caractères zoologiques des formations* (*Annales des mines,* 1821).

[2] Brongniart et d'Omalius, *Sur le Co-*lentin (*Journal des mines,* 1815). — [3] A l'occasion du terrain de transition *de Thann* (*Bulletin de la Société géolog.* t. XV, p. 680).

En Allemagne, M. Naumann a exposé en détail ce qui concerne le métamorphisme dans son excellent *Traité de géognosie*. Après avoir étudié certaines actions qui se rapportent au métamorphisme, M. Haidinger a proposé de les distinguer en *anogènes* et *catogènes*, suivant qu'elles s'exercent près de la surface ou dans la profondeur. Cette question importante a aussi occupé M. Cotta dans plusieurs de ses Mémoires[1].

Dans ses études persévérantes sur les pseudomorphoses, M. Blum a fait connaître de nombreux faits qui se lient au métamorphisme.

Il conviendrait de signaler, comme ayant contribué à éclairer la question qui nous occupe, MM. de Humboldt, Leonhard, Mitscherlich, Haussmann, G. Rose, Abich, d'Alberti, Morlot, Credner, docteur C. W. Fuchs, auteur d'observations nombreuses sur le Hartz.

Nous signalerons encore :

En Suisse et en Italie, MM. Escher de la Linth, de Charpentier, Lardy, de Collegno, de la Marmora, A. Favre[2], de Marignac, Théobald;

Dans la presqu'île scandinave, M. A. Erdmann;

En Amérique, MM. Rogers, Hithcock, Whitney, Sir William Logan, Sterry Hunt. Ce dernier géologue s'est particulièrement occupé de la formation des dolomies et des roches magnésiennes.

A côté du métamorphisme proprement dit, qui a engendré les minéraux dans les roches, il convient de mentionner la cause de la structure feuilletée qu'elles présentent si souvent dans des massifs entiers. Ainsi qu'on l'a vu dans le chapitre consacré à l'étude expérimentale de cette structure, elle est éminemment distincte de la stratification, et résulte d'une action postérieure à la formation des couches, que l'on peut désigner sous le nom de *métamorphisme de structure*.

---

[1] Notamment dans les *Geologische Briefe aus den Alpen* et les *Geologische Frage*.

[2] A part ses *Études sur les Alpes de la Savoie et de la Suisse, Notice sur le Tyrol allemand*, 1849.

CHAPITRE II.

PARTIE EXPÉRIMENTALE.

Si nous avons dû passer rapidement sur les mémoires, surtout descriptifs, qui viennent d'être cités, il convient au contraire, d'après le titre même de ce Rapport, de nous arrêter aux travaux qui ont eu pour but l'introduction de la méthode expérimentale dans la question du métamorphisme. C'est à ce titre que nous donnerons une analyse des recherches que M. Daubrée a faites à ce sujet[1].

L'auteur a cherché à éclairer la question par trois voies différentes : 1° en discutant les faits connus; 2° en instituant des expériences synthétiques; 3° en étudiant les résultats de l'action séculaire des eaux de Plombières sur le béton romain.

Il n'y a pas lieu de revenir ici sur la discussion des faits de métamorphisme anciennement connus. Mais il convient de donner quelques détails, d'abord sur les expériences, ensuite sur les faits observés à Plombières.

§ 1. Chaleur interne, comme cause du métamorphisme; ses auxiliaires et principalement l'eau.

Les modifications des terrains compris sous le nom de métamorphiques ont incontestablement eu lieu à une température plus élevée que celle qui règne maintenant à la surface du globe. On peut le conclure d'abord du seul fait des analogies minéralogiques de ces terrains avec les roches éruptives, et notamment de la présence de nombreux silicates anhydres, qui forme un de leurs traits

---

[1] Mémoire déjà cité, *Études et expériences synthétiques sur le métamorphisme.*

les plus remarquables; en second lieu, de leur relation évidente
avec des dislocations dont le point de départ est toujours dans les
régions profondes, et qui ont incontestablement pour cause première la chaleur interne du globe.

La chaleur propre du globe décroît nécessairement du centre
vers la surface, et par conséquent, des sédiments déposés dans l'O-
céan, à la température relativement basse qui règne généralement
dans ces profondeurs, ont dû, comme l'a remarqué M. Babbage,
quand ils ont été recouverts ensuite par d'autres couches, acquérir
une température plus élevée, en raison de leur plus grand éloignement de la surface de rayonnement. La superposition de remblais
puissants, comme le sont certains terrains stratifiés, a pu souvent
suffire pour déterminer le réchauffement notable des masses inférieures, postérieurement à leur dépôt, surtout aux époques où l'accroissement de la chaleur, selon la verticale, suivait une loi beaucoup plus rapide qu'aujourd'hui.

Ainsi, la propagation régulière de la chaleur du globe a pu agir
sur des terrains entiers et y produire graduellement la transformation que M. Élie de Beaumont a caractérisée sous le nom de *métamorphisme normal*, et que l'on a aussi nommée, à raison des massifs
considérables sur lesquels elle s'est exercée, *métamorphisme régional*.

A part les effets de cette cause générale et en quelque sorte la-
tente, il est des parties circonscrites où la chaleur s'est portée très-
près de la surface, notamment à la suite des roches éruptives. De
là des centres particuliers autour desquels la chaleur interne est
venue produire le *métamorphisme accidentel* ou *de juxtaposition*.

Toutefois, des raisons très-puissantes font croire que, dans l'un et
dans l'autre cas, ce n'est pas la chaleur seule qui a agi. Lors même
que la température eût pu devenir assez haute dans les roches
transformées pour en opérer le ramollissement, ce qui est le plus
souvent tout à fait improbable, elle serait insuffisante pour rendre
compte de la diversité des effets constatés. Les observations suivantes
le prouvent.

Si la chaleur seule est la cause des modifications qu'on observe dans des terrains dont la puissance dépasse souvent mille mètres, comment cette action s'est-elle étendue sur une telle épaisseur? Pourquoi au moins n'est-elle pas, d'après les lois connues de la propagation de la chaleur et à raison de la faible conductibilité des roches, d'une énergie incomparablement moindre dans les parties éloignées que dans les parties voisines de la surface d'arrivée? C'est pourtant ce qui n'existe pas, et la grandeur, comme l'uniformité des effets produits dans des massifs montagneux entiers, est un phénomène des plus frappants.

De plus, si, laissant de côté les relations d'ensemble, on passe aux faits de détail, on trouve encore, dans le mode d'agencement des minéraux des roches métamorphiques, une foule de circonstances d'association ou de gisement qui empêchent d'admettre pour ces minéraux une origine due à la chaleur seule.

D'un autre côté, si la chaleur seule a été impuissante à produire les effets dont nous venons de parler, son action, aidée de certains corps gazeux ou faciles à réduire en vapeur, deviendrat-elle alors capable de suffire à leur explication? C'est l'idée qui s'est naturellement présentée la première à l'esprit : car la nature montrait des vapeurs abondantes et à affinités énergiques, dans les exhalaisons des cratères des volcans ou de leurs laves encore incandescentes. Ces vapeurs et gaz sont des composés où dominent les corps électro-négatifs, que les anciens minéralogistes appelaient, comme par instinct, les *minéralisateurs*, savoir : chlore, soufre, carbone; plus rarement le fluor et le bore. Les observations de MM. Boussingault, Bunsen, Charles Deville et Fouqué ont contribué à faire connaître la nature de ces déjections gazeuses ou volatiles.

L'acide carbonique, l'acide sulfhydrique, l'acide sulfurique même, ont pu réagir autrefois sur quelques roches, d'une manière semblable à ce que l'on observe aujourd'hui dans certains gisements de gypse et d'alunite, ou dans les roches voisines des volcans des Andes et de Java, qui se réduisent sous leur action en une véritable boue.

La décomposition de vapeurs chlorurées forme sous nos yeux le fer oligiste et a pu donner naissance autrefois, dans beaucoup de gisements, à l'oxyde d'étain et à l'oxyde de titane, comme l'apprennent à la fois l'observation et l'expérience synthétique. C'est d'une manière analogue que la magnésie cristallisée ou périclase, engagée dans les calcaires rejetés de la Somma, a pu être produite par la décomposition mutuelle du chlorure de magnésium et du carbonate de chaux, conformément au résultat de l'expérience.

Le rôle qu'ont joué les chlorures à de hautes températures pour produire la cristallisation des minéraux ressort d'ailleurs clairement des expériences plus récentes de MM. Manross, Forchhammer et Henri Deville.

D'autres expériences ont montré aussi à M. Daubrée que les chlorures de silicium et d'aluminium, en réagissant à l'état de vapeur sur les bases qui entrent dans la constitution des roches, y forment des silicates simples ou multiples qui sont semblables à certains produits naturels.

Quant au fluor et au bore, M. Daubrée a depuis longtemps fait voir qu'ils paraissent avoir concouru à la formation de beaucoup d'amas stannifères[1]. Ils entrent, en effet, dans la constitution de silicates caractéristiques, comme la topaze et la tourmaline, qui y ont été certainement engendrés en même temps que l'oxyde d'étain.

On explique par la chaleur, accompagnée des auxiliaires dont il vient d'être question, un plus grand nombre de transformations que par la chaleur seule; mais, avec ces seuls agents, on ne peut se rendre compte de certaines circonstances très-importantes qu'en attribuant aux vapeurs un rôle évidemment bien exagéré. C'est ce que M. Bischof et d'autres savants ont bien fait ressortir de nombreuses considérations.

[1] Mémoire sur le gisement, la constitution et l'origine des amas d'étain (*Annales des mines*, 3ᵉ série, t. XX, p. 65, 1841).

Mais dans les exhalaisons volcaniques, il est un corps qui n'a pas tout d'abord fixé l'attention, parce que, sous l'empire des idées anciennes, il semblait tout à fait inerte, surtout en présence des minéraux dont il s'agit d'expliquer la formation. Il n'y existe pas en quantité minime, comme les vapeurs dont nous venons de parler. C'est au contraire le produit à la fois le plus abondant et le plus constant des éruptions dans toutes les régions du globe. Ce corps, c'est l'eau, et nous verrons que le premier rôle lui est dévolu dans les phénomènes métamorphiques, aussi bien que dans les éruptions de volcans.

La singulière propriété que possèdent les silicates incandescents des laves, de retenir pendant fort longtemps, et jusqu'au moment de leur solidification, des quantités d'eau considérables, démontre clairement que l'action de la chaleur n'exclut pas celle de l'eau, et paraît annoncer que cette dernière a même, à ses hautes températures, une certaine affinité pour les silicates.

On sait en outre que des motifs concluants ont déjà fait attribuer à l'eau des actions très-puissantes, telles que la formation de beaucoup de filons métallifères et une influence incontestable sur la cristallisation des roches éruptives elles-mêmes, y compris le granite.

Ajoutons d'ailleurs que si la vapeur d'eau très-chaude, pas plus que l'eau liquide jusqu'à son point d'ébullition, ne peut arriver à produire dans les expériences ordinaires des silicates tels que ceux que nous offrent les terrains métamorphiques, c'est qu'il manque pour cela quelque chose d'essentiel, et tout annonce que ce qui manque, c'est la pression.

§.2. Expériences sur l'action exercée par l'eau dans la formation des silicates,
par M. Daubrée.

Nous venons de voir comment on peut, à bon droit, soupçonner le concours de la chaleur, de l'eau et de la pression, comme capable de produire les principaux phénomènes du métamorphisme. Il ne restait qu'à se placer dans des conditions aussi voisines que possible de celles dans lesquelles la nature paraît avoir agi, et à examiner si l'on obtiendrait la reproduction des minéraux caractéristiques.

Tel est le but d'une série d'expériences entreprises par M. Daubrée et dont on rendra compte brièvement.

En comptant même pour rien les dangers d'explosion, qui sont souvent d'une violence tout à fait extraordinaire, les difficultés d'expérimentation ont empêché de multiplier ces résultats comme il eût été désirable; cependant les faits déjà reconnus sont concluants, et montrent la fécondité de cette voie d'expérimentation.

La difficulté principale, dans ces sortes d'expériences, consiste à trouver des parois et des fermetures qui résistent assez longtemps à l'énorme tension qu'acquiert la vapeur d'eau, quand la température s'élève vers le rouge sombre. L'eau et les matières qui doivent réagir sont placées dans un tube en verre que l'on scelle ensuite. On introduit ce tube en verre dans un tube en fer, à parois très-épaisses, qui est clos à la forge à l'une de ses extrémités. Pour fermer l'autre extrémité, on y rapporte à la forge un fort bouchon de fer qui arrive à faire corps avec le canon, si la soudure a été habilement opérée. Il faut pour réussir un ouvrier très-adroit : car il est essentiel que la plus grande partie du canon reste froide, afin que l'eau intérieure, en se vaporisant, ne contrarie pas l'opération.

Pour contrebalancer, dans l'intérieur du tube de verre, la tension de la vapeur, qui pourrait le faire éclater, on verse de l'eau extérieurement au tube, entre ses parois et celles du tube de fer qui lui sert d'enveloppe. Ces appareils une fois préparés sont couchés sur le dôme ou sur les carneaux d'un four à cornues d'usine à gaz, en contact avec une maçonnerie qui est au rouge sombre, et enfouis sous une épaisse couche de sable.

A une température qui est au-dessous du rouge naissant, l'eau réagit très-énergiquement sur certains silicates.

Ainsi, le verre ordinaire donne, au bout de quelques jours, deux et souvent trois produits distincts : 1° une masse blanche et tout à fait opaque qui résulte d'une transformation complète du verre ; elle est poreuse, happant à la langue, et aurait l'aspect du kaolin, si elle n'avait une structure fibreuse très-prononcée. La substance a perdu une quantité notable de son poids, environ la moitié de sa silice et le tiers de son alcali ; il s'est formé un nouveau silicate qui a fixé de l'eau et qui se rapporte par sa composition à la famille des zéolithes ; 2° du silicate alcalin qui s'est dissous, en entraînant de l'alumine ; 3° souvent, il s'est en outre développé d'innombrables cristaux incolores, d'une limpidité parfaite, qui offrent la forme ordinaire bipyramidée du quartz et qui en effet ne sont autres que de la silice cristallisée. Certains cristaux ainsi formés atteignent 2 millimètres en moins d'un mois. Tantôt ils sont isolés dans la pâte opaque, tantôt ils sont implantés sur les parois du tube primitif, où ils forment de véritables géodes, qu'il serait tout à fait impossible, à la dimension près, de distinguer de celles que les roches cristallines présentent si fréquemment.

A la surface et dans l'intérieur de la masse blanchâtre résultant de la transformation du tube, M. Daubrée a obtenu de très-nombreux cristaux fort petits, mais de forme parfaitement nette, doués de beaucoup d'éclat et bien transparents ; ils présentent diverses nuances de vert, et beaucoup d'entre eux ont la teinte vert-olive. Ces cristaux rayent sensiblement le verre ; ils restent inaltérables en présence de l'acide chlorhydrique concentré et bouillant. Ils fondent au chalumeau en un émail noir. Enfin ils ont la composition du *pyroxène* à base de chaux et d'oxyde de fer, et, par leur transparence, ils appartiennent à la variété *diopside*.

Les verres volcaniques connus sous le nom d'*obsidienne* se comportent d'une manière comparable aux verres artificiels et se transforment en une masse grisâtre, confusément cristalline, ayant l'aspect d'un trachyte à grains fins.

Pour examiner, autant du moins que la présence du verre le per-

mettait, comment se comportent, à l'état suréchauffé, les dissolutions naturelles de silicate alcalin que l'on trouve communément
dans les eaux, l'auteur s'est servi de l'eau provenant des sources
thermales de Plombières, qui est comparativement riche en silicates
de potasse et de soude. Cependant, ne pouvant opérer que sur 20 à
30 centimètres cubes, on a préalablement concentré cette eau
par une évaporation assez rapide pour que l'acide carbonique de
l'air n'en décomposât pas sensiblement les silicates, et de manière
à la réduire au vingtième de son volume primitif. Après une expérience qui avait été arrêtée au bout de deux jours seulement, les
parois du tube étaient déjà recouvertes d'enduits de silice sous la
forme de quartz cristallisé et aussi à l'état de calcédoine. Comme le
verre n'était encore altéré qu'à sa surface, ce dépôt devait provenir,
au moins presque en totalité, de la décomposition du silicate alcalin contenu dans l'eau de Plombières.

Du kaolin parfaitement purifié, par le lavage, de tout débris feldspathique, ayant été traité dans un tube par l'eau de Plombières,
cette masse terreuse s'est transformée en une substance solide, confusément cristallisée en petits prismes, qui raye le verre à la manière du feldspath.

De l'argile de Klingenberg, près Cologne, que l'on emploie pour
faire les creusets de verrerie, étant chauffée dans les tubes en verre,
se charge d'une multitude de paillettes blanches, nacrées, et douées
de l'éclat du mica. Elles sont hexagonales et jouissent d'un axe de
double réfraction. La trop faible quantité de substance qui a été
obtenue n'a pas permis d'en faire l'analyse.

Les végétaux fossiles ayant subi des modifications sous l'influence
des mêmes agents que les matières pierreuses, il convenait de voir
ce que deviendrait du bois dans l'eau suréchauffée. Des fragments
de bois de sapin se sont transformés en une masse noire, granulée,
sous forme de globules réguliers de diverses dimensions et ayant,
par conséquent, une véritable fusion, douée d'un vif éclat, d'une
compacité parfaite et ayant, en un mot, l'aspect d'une anthracite

pure. Elle est assez dure pour qu'une pointe d'acier la raye difficilement.

A des températures moindres et dans des conditions d'ailleurs
analogues, le bois se transforme en une sorte de lignite ou de
houille.

En résumé, l'eau suréchauffée a une influence très-énergique
sur les silicates; elle en dissout un certain nombre, détruit certaines
combinaisons à bases multiples, en fait naître de nouvelles, soit
hydratées, soit anhydres; enfin elle fait cristalliser ces nouveaux silicates bien au-dessous de leur point de fusion. L'acide silicique
mis en liberté dans ces dédoublements s'isole sous forme de quartz
cristallisé.

Des transformations si complètes sont, d'ailleurs, obtenues par de
très-faibles quantités d'eau. En général, on y distingue cette loi,
que vers le rouge naissant, les affinités de la voie humide ac-
quièrent, en ce qui concerne la production des silicates, les
mêmes caractères que celles de la voie sèche, mais qu'il lui suffit
d'une température beaucoup moins élevée, et de plus qu'elle arrive à engendrer des combinaisons qui ne peuvent en aucun
cas se former par cette dernière voie. En un mot, l'eau suréchauffée est un minéralisateur des plus puissants.

§ 3. Métamorphisme contemporain de Plombières; formation des zéolithes
dans le béton romain.

La nature fait elle-même des expériences du genre de celles
que nous n'exécutons qu'avec tant de difficulté; elle emploie probablement des procédés analogues à ceux dont elle s'est servie
depuis les temps les plus reculés. Malheureusement ces réactions
se passent dans des régions où nous ne pouvons atteindre que
bien rarement. Ce n'est que dans un petit nombre de cas qu'on
peut être témoin de la formation de ces minéraux contemporains.
Il a suffi de descendre de quelques mètres, sous le sol de Plom-

bières, et d'entrer dans des masses imbibées d'eau thermale depuis des siècles, pour y découvrir le cuivre sulfuré, en cristaux identiques à ceux de Cornouailles, et toute une série de zéolithes, disposées comme dans les roches basaltiques; que serait-ce si l'on pouvait pénétrer plus profondément, dans les canaux par lesquels s'élèvent les sources thermales?

Le béton que les Romains ont étendu à proximité des points d'émergence des sources thermales est composé de fragments de briques et de grès bigarré, sans mélange de sable, et cimenté par de la chaux. Il repose tantôt sur le granite, tantôt sur le gravier d'alluvion. M. Daubrée a reconnu que, sous l'action prolongée de l'eau minérale qui pénètre continuellement dans le massif de béton, le ciment calcaire et les briques ont été en partie transformés[1]. Les combinaisons nouvelles se montrent surtout dans les cavités de la masse, où elles forment des enduits mamelonnés et quelquefois cristallisés. Les plus remarquables de ces produits par leur abondance, sont des silicates de la famille des zéolithes, et notamment l'apophyllite, la chabasie et l'harmotôme.

A part la présence des zéolithes qui ont cristallisé dans les boursouflures, les fragments de briques qui font partie du béton romain ont souvent acquis un aspect tout particulier; ils se sont imprégnés très-intimement de silicates semblables à ceux qui ont cristallisé dans les géodes : ils ont subi un véritable métamorphisme.

Malgré sa dureté extrême, la maçonnerie romaine donne accès à l'eau thermale, tant par ses pores que par les fissures et les cavités qui s'y rencontrent. D'ailleurs la pression des sources force l'eau à circuler lentement dans sa masse, qui est ainsi non-seulement baignée, mais encore *traversée* par l'eau minérale.

---

[1] Mémoire sur la relation des sources thermales de Plombières avec les filons métallifères, et sur la formation contemporaine des zéolithes. *Annales des mines,* 5ᵉ série, t. XIII, p. 227, 1858. *Bull. de la Soc. géol.* 2ᵉ série, t. XVI, p. 562. *Comptes rendus de l'Acad. des sciences,* t. XLVI, p. 1086 et 1201, 1858.

Cette eau n'est donc pas stagnante; il y a *courant* très-lent il est vrai, mais le courant est continu. D'un autre côté, l'eau minérale de Plombières ne contient sans doute que de très-faibles quantités de matières salines (3 décigrammes par litre), qui se composent en partie de silice, potasse, soude, chaux et alumine; mais son renouvellement continuel et indéfiniment prolongé lui permet d'accumuler, en quantité notable, des dépôts de matière dont elle fournit en partie les éléments. C'est ainsi que des actions très-faibles se multiplient avec l'aide du temps. Cette circonstance d'un renouvellement continuel et prolongé manque dans la plupart des expériences tentées jusqu'à présent pour imiter la nature; mais son influence capitale sur certains phénomènes géologiques sera facilement comprise.

A la faveur de l'alcali que cette eau renferme, elle réagit graduellement sur certaines des substances qu'elle traverse, et peut-être même sans qu'il y ait toujours véritable dissolution, mais seulement une sorte de cémentation. C'est à la réunion de ces deux circonstances, circulation de l'eau et réaction chimique, que sont dues ces formations modernes.

Pour que ces sortes de silicates se forment et cristallisent parfaitement, il n'est donc pas besoin, à beaucoup près, d'une chaleur aussi élevée qu'on l'a supposé; une température de 60 à 70 degrés, qui est celle des sources de Plombières, suffit à la production au moins de certains d'entre eux.

Plus tard, M. Daubrée a même trouvé la chabasie cristallisée, mais moins nettement, dans le béton romain baigné par les sources thermales de Luxeuil, dont la température est seulement de 46 degrés[1].

Sur des points rapprochés les uns des autres, à quelques millimètres d'intervalle, on voit se former des produits différents, suivant la nature de la pâte sur laquelle l'eau réagit. C'est ainsi que

---

[1] *Bulletin de la Société géologique*, 2ᵉ série, t. XVIII, p. 108, 1850.

l'apophyllite, silicate qui renferme de la chaux outre la potasse, s'est formée dans les cavités de la chaux. On ne l'a pas rencontrée dans la brique; c'est, au contraire, dans cette dernière, presque exclusivement composée, comme on le sait, de silicate alumineux, que l'on trouve la chabasie, silicate double d'alumine et de potasse.

Une localisation aussi prononcée de certaines zéolithes paraît montrer que leurs éléments n'étaient pas en totalité contenus dans l'eau qui imbibait la maçonnerie; celle-ci n'en apportait qu'une partie : les éléments complémentaires, chaux, alumine ou autres nécessaires à la constitution des nouveaux composés, étaient renfermés, soit dans le mortier, soit dans les briques, qui les ont abandonnés à la réaction de l'eau.

Tandis que la couche de béton abonde en zéolithes, le gravier d'alluvion, sur lequel est étendu la maçonnerie, ne présente aucun indice de la formation de ces silicates, bien que l'eau thermale le traverse avant d'arriver au béton. Cette dernière se borne à déposer, dans les interstices des galets, une masse argileuse jaunâtre, qui n'est autre qu'une de ces substances mal définies que l'on a désignées sous le nom d'argiles chimiques ou d'halloysites. Ce contraste montre encore que les zéolithes ne sont pas un dépôt immédiat de l'eau thermale, mais qu'elles se produisent seulement par la réaction de cette eau minéralisée sur d'autres silicates.

Le travail qui se produit à Plombières s'est évidemment accompli, sur des proportions considérables, dans certaines formations géologiques.

L'ensemble des minéraux disséminés dans les innombrables cellules de maçonnerie constitue une association qui forme fréquemment l'apanage de certaines roches éruptives.

Il y a plus : toute la manière d'être de ces minéraux contemporains rappelle dans les moindres circonstances leur disposition dans les nappes de basalte et de trapp douées de la structure amygdaloïde. Si ce n'était la différence de couleur, il serait même très-possible de confondre les parties du béton chargées de zéolithes avec les tufs basaltiques où se sont formés les mêmes minéraux; les briques, avec leurs boursouflures et leurs druses, imitent d'une manière surprenante les roches amygdaloïdes. Une telle identité dans les résultats décèle incontestablement de grandes analogies d'origine.

Dans le voisinage des roches volcaniques de l'Etna, de l'Islande et d'autres contrées, on rencontre une roche à laquelle on a donné le nom de *palagonite*. Ce silicate hydraté, d'un aspect souvent résineux, a tous les caractères des silicates du béton de Plombières, et, selon toute probabilité, résulte d'une transformation semblable à celle qui a donné naissance à ces dernières.

Quand on arrive ainsi à surprendre la nature, après le premier plaisir de lui ravir un de ses secrets, on éprouve un sentiment d'humilité, en voyant au prix de quelles difficultés nous arrivons à reproduire quelques-unes des plus simples formations minéralogiques. Cependant les résultats déjà acquis montrent qu'il n'y a pas lieu de se décourager et que l'on peut imiter bien des minéraux sans l'intervention des siècles.

§ 4. Déductions tirées : 1° des expériences sur la cristallisation des silicates par l'action de l'eau suréchauffée; 2° des faits observés à Plombières.

Les résultats des expériences dans l'eau suréchauffée qui viennent d'être exposés éclairent la cristallisation des roches silicatées en général, tant éruptives que métamorphiques.

L'eau, quel que soit son état moléculaire dans les laves, intervient pour les faire passer à l'état cristallin, à peu près comme dans les expériences de laboratoire pour transformer l'obsidienne ou pour déposer le pyroxène en cristaux parfaits.

C'est probablement aussi par l'influence de cette sorte d'eau-mère que les mêmes silicates peuvent cristalliser dans une succession qui est souvent opposée à leur ordre relatif de fusibilité. On sait, par exemple, que l'amphigène, silicate d'alumine et de potasse, qui est infusible, s'est développé dans les laves d'Italie en cristaux souvent très-volumineux, qui empâtent de nombreux cristaux de pyroxène, substance dont on connaît la fusibilité.

Ces anomalies apparentes se présentent d'une manière encore plus frappante dans le granite, qui diffère de tous les produits de fusion sèche que nous connaissons, et on a cherché à s'en rendre compte par diverses conjectures. On peut l'expliquer à peu près de la même manière. Seulement, dans le granite l'action de l'eau paraît, d'après les observations de M. Élie de Beaumont, avoir été, encore plus que dans les laves, aidée par quelques auxiliaires, tels que les chlorures et les fluorures. Dans les porphyres feldspathiques quartzifères, l'eau a pu suffire seule à donner naissance aux cristaux bipyramidés qui caractérisent cette roche. C'est encore là un phénomène de départ qui n'a aucun analogue dans les produits de la voie sèche.

La remarquable association de silicates anhydres et de silicates hydratés que présentent le basalte, le phonolithe et d'autres roches, n'a rien de surprenant. Car, dans la même opération et dans le même tube, on a obtenu, comme on l'a vu précédemment, des cristaux de pyroxène disséminés au milieu d'une zéolithe, c'est-à-dire, simultanément, deux éléments constitutifs du basalte.

On arrivait aussi à quelque chose de contradictoire, quand on comparait, d'une part, l'état de mollesse ou même de fluidité de certaines roches éruptives, et, d'autre part, leur faible chaleur primitive, bien établie par diverses circonstances. Cette difficulté est encore levée, quand on considère ce qui s'est passé, toujours dans les mêmes expériences. Des tubes en verre, parfaitement réguliers, ont été retrouvés, après l'opération, gauchis, déformés, couverts d'ampoules, de manière à prouver qu'ils ont subi un véritable ramollissement. Il y a plus : quelquefois le tube a en quelque façon disparu; il s'est transformé en une sorte de boue, présentant probablement une grande analogie, tant comme consistance que comme composition, avec l'état originaire de certaines roches éruptives.

Il se produit ici un phénomène très-remarquable : quoique le verre perde une partie de ses éléments en se transformant, il augmente considérablement en volume; cette augmentation va à plus du tiers du volume primitif. L'eau a donc pu avoir son influence, même dans les actions mécaniques des roches éruptives, et il est extrêmement probable que, au moment de leur hydratation, certaines roches ont dû éprouver un phénomène de foisonnement, analogue à celui dont on a de nombreux exemples naturels dans le changement de l'anhydrite en gypse. Ce foisonnement a dû suffire, dans bien des cas, à donner naissance à la poussée et à l'éruption des roches : ce serait particulièrement le cas des phonolithes et des basaltes.

Remarquons qu'il ne faut qu'une quantité d'eau très-minime pour produire, dans des conditions de pression et de température convenables, des changements extrêmement prononcés. On ne saurait, en effet, voir sans étonnement qu'une transformation aussi complète dans l'état chimique et physique du verre soit obtenue par une quantité d'eau égale environ au tiers de son poids.

Ceci fait comprendre que l'eau de constitution de certaines roches, telles que, par exemple, les argiles, ait suffi pour déterminer le métamorphisme, lorsque la température est venue lui donner le pouvoir de réagir sur les éléments auxquels elle était associée.

Quant aux roches qui ne renferment pas d'eau de constitution, remarquons d'abord qu'aucune n'est dépourvue d'une certaine quantité d'eau, dite *eau de carrière*. On ne comprend pas que cette eau soit logée autrement que dans les pores de la roche. Toutes les roches sont donc poreuses, et ce qui se passe dans la coloration artificielle de l'agate prouve que les pierres en apparence les plus compactes peuvent être pénétrées par un liquide, en vertu de la seule force de la capillarité.

On ne peut pas nier que, si l'eau parvient à s'insinuer, à l'aide

de crevasses, dans le revêtement solide du globe à une profondeur
seulement égale à celle de la mer, elle n'y acquière une pression de
plusieurs centaines d'atmosphères, à l'aide de laquelle elle pénètre
plus facilement peut-être dans les pores les plus ténues des roches,
surtout à la température qu'elle possède à une semblable profondeur. Cette action est sans doute aidée par la capillarité, dans des
limites dont nous ne pouvons avoir aucune idée.

D'ailleurs, les roches fussent-elles tout à fait imperméables, dès
que l'eau est douée de la faculté d'attaquer leur surface, il ne faut
que du temps pour que son action se propage de proche en proche
à des distances considérables. En effet, dans les tubes retirés prématurément, M. Daubrée a constaté que l'attaque avait lieu par
couches successives, de telle sorte qu'il existait au milieu de la paroi de verre une partie transparente et tout à fait inaltérée.

Aussi, que l'eau des roches soit de constitution ou de pénétration, nous sommes en droit d'en attendre, dès que la température
vient à s'élever convenablement, des actions comparables à celles
qui se sont produites dans les expériences ci-dessus citées, aussi
bien que dans les roches éruptives.

Les observations faites à Plombières conduisent elles-mêmes à
des conclusions qui méritent d'être rapportées, à part celles qui
ont directement trait à la production des zéolithes, et que nous
avons analysées plus haut.

Un des faits les plus nouveaux et les plus importants que ré-
vèlent ces observations, c'est qu'en général une petite partie
seulement des éléments constitutifs de ces minéraux est apportée
par l'eau. Les autres éléments préexistaient dans la roche : paraissant obéir à une tendance énergique de cristallisation, ils saisissent
en quelque sorte les premiers au passage, selon leurs affinités, et le
minéral est pour ainsi dire formé sur place.

Dans les filons métallifères, au contraire, presque tout ce qui a
été déposé dans le canal de circulation de la source paraît étranger
à la roche formant ses parois. Ce sont donc des effets très-différents

de la même cause, et leur réunion sur un même point, à Plombières, ne laisse plus de doute sur cette commune origine.

Il y a une analogie frappante entre la production de silicates cristallisés du béton de Plombières et la formation des silicates qui se trouvent dans une foule de roches métamorphiques. Tels sont la wernérite, le grenat, le feldspath, le pyroxène dans des calcaires souvent à peine modifiés; la mâcle ou la staurotide dans les schistes argileux. La production du mica dans les roches n'est pas plus difficile à comprendre que celle de l'apophyllite du béton de Plombières, qui est aussi un silicate fluorifère.

Qu'une dislocation vienne à faire naître un groupe de sources thermales, n'est-il pas probable que la plupart des terrains traversés par ces sources subiront une action dont ce qui s'est passé à Plombières donne une idée? Cette action, s'étendant de proche en proche avec l'aide du temps, occasionnerait le métamorphisme sur des zones d'une assez grande étendue.

A Plombières, avant que la vallée en s'échancrant donnât issue aux sources, l'eau thermale arrivait déjà de la profondeur, et si elle paraissait à la surface, ce n'était sans doute que par une sorte de transsudation peu apparente. En s'épanchant dans les couches inférieures du grès bigarré qui sont en contact avec le granite, elle y déposait du jaspe, du quartz cristallisé et divers autres produits. Ainsi, des eaux, circulant à l'intérieur, peuvent causer une action métamorphique très-énergique, sans que leur existence se trahisse à la surface par des sources thermales. Il est probable que, dans bien des cas, la silicification des polypiers et des bois de certaines couches, dans d'autres cas, la précipitation du quartz, tel que celui qu'on trouve dans le bassin tertiaire de Paris, la silicification complète de quelques couches primitivement calcaires, n'ont pas une autre origine.

Il a suffi d'une eau tiède et à peine minéralisée pour transformer cette maçonnerie et y faire naître des silicates hydratés et cristallisés. Les effets ne seraient-ils pas bien plus considérables encore, si l'eau, fortement suréchauffée et cependant retenue par la pression des masses supérieures, circulait lentement à travers certaines roches, comme elle le fait dans le béton de Plombières, et réagissait sur elles avec la haute température qui convient à la formation des silicates anhydres?

En rapprochant les résultats obtenus par les expériences dans l'eau suréchauffée des données acquises par l'examen des phénomènes contemporains de Plombières, on peut expliquer la majeure partie des faits du métamorphisme. Les détails descriptifs nécessaires à cette démonstration ne sauraient trouver place dans ce Rapport.

En résumé, quand il s'agit d'expliquer l'origine et la formation des silicates dans la plupart des roches métamorphiques, ce n'est pas à la voie sèche, mais bien à la voie mixte, intermédiaire entre la voie humide et la voie sèche, que l'on pourrait appeler *hydrothermique*, qu'il faut avoir recours le plus souvent. Cette assertion s'appuie sur les considérations qui suivent :

1° La formation par voie humide a lieu à des températures incomparablement plus basses que le point de fusion; c'est une condition dont on a précédemment reconnu la nécessité.

2° Les silicates hydratés, qui se montrent dans la nature souvent associés à des silicates anhydres, se forment facilement, par la voie humide, comme on l'a vu, en même temps que ces derniers (zéolithes avec pyroxène, schiste chloritique avec tourmaline, avec feldspath, etc.); leur réunion s'expliquerait bien difficilement par la voie sèche.

3° Le quartz est excessivement abondant dans la nature. Or, la grande facilité avec laquelle l'eau suréchauffée décompose certains silicates, solubles ou insolubles, dès qu'elle se trouve en contact avec eux, et en isole du quartz, rend parfaitement compte de cette abondance, ainsi que du mode de dissémination de ce minéral dans beaucoup de roches silicatées, métamorphiques ou éruptives, auxquelles il est généralement associé comme un produit de sécrétion.

4° Enfin, au lieu de masses uniformes, comme la fusion en produit en général, nous voyons dans les produits de la voie humide des mélanges de substances cristallisées différentes, dont le mode d'enchevêtrement est tout à fait indépendant, de même que dans la plupart des roches, de leurs degrés respectifs de fusibilité.

Les roches éruptives présentent une grande analogie de composition avec les roches métamorphiques : beaucoup de minéraux sont, en effet, communs aux unes et aux autres.

C'est ainsi que les éléments du granite, feldspath, mica et quartz, imprégnent souvent les couches qu'il a traversées et où ils se sont comme extravasés. Quand le granite et la syénite ont empâté des fragments de roches préexistantes, ils se les sont même en quelque sorte assimilés. C'est sur cette ressemblance de composition, parfois frappante, qu'on s'est souvent appuyé pour conclure que les minéraux des roches métamorphiques ont été produits par voie sèche.

Nous retournerons le raisonnement, en disant que si des composés tels que le feldspath, le mica, le quartz, l'amphigène, le pyroxène, etc. se rencontrent au milieu des roches stratifiées, dans des conditions où ils n'ont pu y être formés que par l'intervention de l'eau, on doit regarder comme très-probable que l'eau a agi de la même manière dans la cristallisation des roches éruptives elles-mêmes, conclusion à laquelle nous avons été amenés précédemment par d'autres considérations.

Appendice. — Roches schisteuses qui ont précédé la période silurienne.

Au-dessous des terrains siluriens on ne connaît jusqu'à présent que des roches éminemment cristallines. En général, le passage est graduel des unes aux autres; mais quelquefois la ligne de démarcation est tout à fait tranchée, comme en Suède, en Finlande et aux États-Unis. Ainsi les couches sédimentaires les plus anciennes (grès de Potsdam) que présente cette dernière région du globe n'ont subi aucune modification, et reposent horizontalement sur les terrains azoïques à feuillets verticaux.

Des effets de l'action métamorphique se montrent dans les terrains de divers âges. Toutefois, ce sont les couches les plus anciennes
qui accusent le plus fortement cette action; de telle sorte que la
cause qui l'a produite paraîtrait s'être affaiblie avec le temps et
avoir possédé vraisemblablement, avant la période silurienne, une
énergie considérable, c'est-à-dire s'être exercée plus près de la surface. Aussi comprend-on que beaucoup de géologues aient cru voir
dans ces roches antésiluriennes les premières couches sédimentaires, mais qui auraient subi un métamorphisme.

Cette supposition est appuyée par la grande ressemblance de ces
roches anciennes avec celles des terrains stratifiés, dont l'origine
métamorphique n'est pas mise en doute. Comme dans ces derniers,
on trouve au milieu du gneiss, qui constitue la plus grande partie
des terrains qui nous occupent, des calcaires, des dolomies, des
schistes amphiboliques, des quartzites, des roches pétrosiliceuses
(*hälleflinta* des Suédois), des amas de minerais métalliques que
souvent on ne peut distinguer de ceux qu'on rencontre dans les
couches supérieures. Cette ressemblance est si frappante pour les
calcaires, en raison des minéraux qu'ils contiennent et de leur
mode d'association, que l'on pourrait, par exemple, facilement
confondre les calcaires cristallins à spinelle et chondrodite, subor-
donnés au gneiss de Pargas en Finlande ou du Canada, avec ceux
de Monzoni en Tyrol et de la Somma, qui appartiennent à des
terrains comparativement récents.

Comme autre trait d'analogie, il faut signaler encore le graphite
ou les combinaisons charbonneuses que l'on rencontre dans les plus
anciens terrains (graphite de Sainte-Marie-aux-Mines, anthracite de
Kongsberg en Norwége ou de Dannemora, où il est dans un calcaire gris à peine cristallin, bitume des filons de granite de Finbo,
près Fahlun, et de nombreux gîtes de fer de la Suède).

Il y a encore à faire sur ce sujet deux remarques importantes :

1° L'absence de transition des roches schisteuses azoïques au
terrain silurien montre que les premières avaient acquis déjà leur

état cristallin antérieurement au dépôt des plus anciennes roches fossilifères connues. Ce fait est d'ailleurs confirmé par les galets de gneiss bien caractérisés que renferment quelquefois les terrains de transition.

2° Il n'y a pas d'apparence que ces mêmes roches anciennes aient jamais été, dans certaines contrées, recouvertes par une épaisseur considérable d'autres roches; autrement il faudrait admettre, et l'on n'est pas en droit de le faire, que des pays très-étendus et faiblement ondulés, comme la Scandinavie ou le Canada, ont subi des dénudations énormes. Des terrains comme ceux que nous venons de prendre pour exemple en Suède et aux États-Unis se rencontrent d'ailleurs dans toutes les régions du globe avec des caractères analogues; ils forment une sorte de revêtement presque universel sur le granite.

En supposant la masse des mers répandue en vapeur dans l'atmosphère, la pression à la surface du globe devait être au moins 250 fois ce qu'elle est aujourd'hui, et même davantage, à raison de l'intervention des gaz et des autres vapeurs; il n'a, par conséquent, pu exister d'eau liquide sur la terre, avant que la température de sa surface se fût abaissée au-dessous du degré de chaleur qui peut donner à la vapeur d'eau une tension de 250 atmosphères. La surface du globe était donc à cette époque à une température très-élevée, et s'il y existait des silicates, ils avaient été formés sans la coopération de l'eau liquide.

Mais plus tard, quand l'eau eut commencé à se constituer à l'état liquide, elle dut réagir sur ces silicates préexistants qui la supportaient, et donner ainsi naissance à toute une série de produits nouveaux. Par une véritable action métamorphique, l'eau de cet océan primitif, en pénétrant les masses fondues, en fit disparaître la nature première et forma ensuite, de même que dans les tubes des expériences décrites plus haut, des minéraux cristallisés, au moyen des principes mêmes qu'elle parvenait à dissoudre. Ces matières, formées ou suspendues au sein du liquide, devaient se précipiter sur son fond et produire des dépôts présentant des caractères différents, à mesure que la chaleur du liquide diminuait.

Ces diverses périodes de décomposition et de recomposition chimiques, où intervient la voie humide dans ces conditions extrêmes qui touchent à la voie sèche, sont-elles l'ère de la formation du granite et des roches schisteuses tout à fait azoïques et cristallines? On ne peut pas l'affirmer d'une manière absolue; mais on doit le présumer, surtout si l'on considère que, dans cette hypothèse, il a dû se former deux produits principaux : l'un tout massif, l'autre présentant des indices de sédimentation et qui se lient l'un à l'autre d'une manière insensible; tel est précisément le cas du granite et du gneiss.

Dans tous les cas on ne saurait contester que, s'il y a eu un moment où les roches étaient exclusivement sous l'empire de la voie sèche, elles sont passées sous le régime de la voie humide à une époque bien plus reculée qu'on ne l'avait admis jusqu'à présent : l'influence maintenant démontrée de l'eau suréchauffée sur la cristallisation des silicates ne permet plus de doute à cet égard.

QUATRIÈME PARTIE.

APERÇU HISTORIQUE SUR L'ÉTUDE DES MÉTÉORITES.

L'étude des météorites touche à plusieurs questions fondamentales de l'histoire physique de l'univers.

A part l'importance que ces corps présentent au point de vue purement astronomique, ils nous intéressent encore par leur constitution même, et à un double point de vue.

D'une part, les météorites sont les seuls échantillons des corps planétaires qu'il soit possible d'avoir entre les mains. Ils nous apportent ainsi des notions sur la constitution des masses réparties dans les espaces célestes.

D'autre part, plus on approfondit leur étude, plus on reconnaît quelle portée elle peut avoir pour plusieurs branches de nos connaissances, et particulièrement pour l'histoire de notre globe, comme on le verra plus loin.

C'est ainsi que les météorites constituent un chapitre fondamental et nouveau de la géologie.

Quoique les météorites aient depuis longtemps excité l'intérêt général à un haut degré, on est cependant fondé à dire qu'à part les études auxquelles les phénomènes de leur chute ont donné lieu, la connaissance réellement scientifique de ces corps n'est pas ancienne.

Depuis qu'en 1794 Chladni a commencé à appeler l'attention sur les météorites, en forçant à reconnaître leur origine extra-terrestre, et en posant avec une profonde sagacité des idées dont nous reconnaissons chaque jour davantage la justesse, l'étude de ces corps a donné lieu à de très-nombreuses observations.

L'Allemagne, qui avait ainsi fourni les fondements de leur étude, a continué à lui payer un large tribut. Nous nous bornerons à mentionner, parmi les noms principaux, ceux de de Schreibers, Partsch, Haidinger, de Reichenbach, Gustave Rose, sans oublier que M. le docteur Buchner et M. Kesselmeyer ont donné de très-utiles résumés de nos connaissances sur ce sujet.

En Angleterre, cette étude a maintenant pour principaux représentants MM. R. P. Greg, Alexandre Herschel, et N. S. Maskelyne.

MM. Lawrence Smith et Shepard, aux États-Unis, ont contribué, par des documents nombreux, à étendre nos notions sur les météorites.

On ne doit pas omettre de signaler le nom de M. Domeyko, qui a rendu des services distingués à la géologie et à la minéralogie.

Quand on se reporte aux nombreuses analyses de météorites dont on est redevable aux chimistes de ces divers pays, on doit faire une place à part à Howard, qui, le premier, a montré la constance du nickel; à Berzelius, dont les excellents travaux ont accru le nombre des corps et des combinaisons connus dans les météorites; à M. Wœhler qui, à la suite de Berzelius, a fait connaître l'état de combinaison du carbone dans le singulier type des météorites charbonneuses; enfin, à M. Thomas Graham, qui, tout récemment, a fait la découverte inattendue de l'hydrogène libre et condensé, en quantité très-notable, dans un fer météorique. S'il nous était permis de sortir des généralités, nous donnerions bien d'autres noms d'auteurs d'analyses très-utiles.

Mais c'est la part que la France a prise dans l'étude des météorites que nous devons spécialement exposer ici.

On sait que M. Biot, par l'examen détaillé de la chute qui eut lieu le 26 août 1803, à l'Aigle (Orne), achevait de montrer aux plus incrédules qui se trouvaient encore en France, que les météorites ont une origine extra-terrestre.

A cette occasion, Laplace émit l'hypothèse que les météorites ne
sont autre chose que des déjections des volcans lunaires. Cette
idée, bien différente de celle de Chladni, fut développée par le calcul par Poisson.

Peu de temps après, à la suite de Vauquelin, Laugier montrait
la présence presque constante du chrome dans les météorites.

Vers la même époque, M. Izarn et M. Bigot de Morogues résu-
maient judicieusement les faits alors connus sur ce sujet.

La chute remarquable à plusieurs titres qui eut lieu le 13 juin
1819, aux environs de Jonzac (Charente-Inférieure), fut pour
M. Fleuriau de Bellevue l'occasion d'un travail où les témoi-
gnages recueillis sont habilement discutés.

Dans les catalogues de toutes les chutes connues que Chladni
avait publiés, ne figuraient pas celles dont les Chinois avaient en-
registré le souvenir et dont M. Abel Rémusat et plus tard M. Éd.
Biot nous ont donné des traductions, qui montrent que les Chinois observaient les chutes avec le plus grand soin, il y a déjà plus
de deux mille ans.

Nous devons également citer un exposé de nos connaissances à
ce sujet, que M. Boisse a publié en 1850, et où les faits sont
exposés avec concision et méthode[1].

Pour mieux faire comprendre les progrès réalisés dans cette
dernière période qu'il s'agit de rapporter ici, il est indispensable
de les encadrer dans un exposé qui fasse connaître l'état actuel de
nos connaissances.

---

[1] *Mémoires de la Société des lettres, sciences et arts de l'Aveyron,* t. VIII.

CHAPITRE PREMIER.

ORIGINE EXTRA-TERRESTRE DES MÉTÉORITES. PROGRÈS FAITS
DANS LA CONNAISSANCE DE LEUR TRAJECTOIRE.

Depuis longtemps on ne peut douter que, parmi les matières qui tombent de l'atmosphère à la surface du globe, il en est dont l'origine est incontestablement étrangère à la planète que nous habitons. Leur chute se fait reconnaître à la production considérable de lumière et de bruit qui l'accompagne, à la trajectoire presque horizontale qu'elles décrivent, enfin à la vitesse excessive dont elles sont animées.

Diverses chutes récentes, qui ont été étudiées avec soin, ont permis de mieux préciser les circonstances qui accompagnent l'arrivée de ces masses sur la terre.

Grâce à tous ces travaux, on est maintenant en mesure de décrire les principales circonstances de la chute des météorites.

Il est extrêmement remarquable que les caractères de ce phénomène se reproduisent constamment les mêmes.

La chute des météorites est toujours accompagnée d'une incandescence assez vive pour donner à la nuit l'apparence du jour, et pour être parfaitement sensible même en plein midi. C'est par suite de cette vivacité d'éclat que les météorites peuvent être vues à de grandes distances : la chute d'Orgueil (Tarn-et-Garonne), du 14 mai 1864, fut aperçue jusqu'à Gisors (Eure), à plus de 500 kilomètres de distance.

La lumière dont il s'agit n'a, du reste, qu'une très-faible durée. On pense qu'elle ne se produit qu'au moment où l'astéroïde pénètre dans notre atmosphère.

C'est grâce à cette incandescence que l'on peut observer la trajectoire des météorites, qui, en général, est peu inclinée sur l'horizon. Une trajectoire de cette nature a été particulièrement reconnue pour le bolide d'Orgueil, que nous venons de citer : marchant de l'ouest vers l'est, il fut suivi à partir de Santander et d'autres points des côtes d'Espagne.

L'incandescence des bolides permet, en outre, d'apprécier leur vitesse, qui n'a pas d'analogue sur la terre, et qu'on ne peut comparer qu'à celle des planètes roulant dans leurs orbites. Cette seule circonstance suffirait pour prouver l'origine cosmique des météorites.

La météorite d'Orgueil paraissait parcourir environ 20 kilomètres par seconde; on a observé, dans d'autres cas, des vitesses qu'on n'a pas évaluées à moins de 30 kilomètres.

Constamment l'apparition du bolide s'accompagne d'une traînée de vapeurs qui ne sont pas dépourvues d'un certain éclat lumineux.

Il n'y a pas d'exemple de chute de météorite qui n'ait été précédée d'une explosion, et même quelquefois de plusieurs explosions. Le bruit de cette explosion a été comparé par les observateurs, soit à celui du tonnerre, soit à celui du canon, suivant la distance à laquelle ils se trouvaient. Si l'on réfléchit qu'elle se fait entendre sur une vaste étendue de pays et qu'elle se produit dans des régions où l'air, très-raréfié, se prête très-mal à la propagation du son, on sera convaincu qu'elle doit être d'une intensité qui dépasse tout ce que nous connaissons.

Après l'explosion, on entend un sifflement dû au rapide passage des éclats dans l'air, et que les Chinois comparent au bruissement des ailes des oies sauvages ou à celui d'une étoffe qu'on déchire.

Il n'est pas inutile d'ajouter que ces phénomènes ont été observés, non-seulement dans des régions du globe très-diverses, mais en toutes saisons, à toutes les heures du jour et souvent par un temps serein, sans nuages, et un air calme. Les orages, les trombes, n'y sont donc pour rien.

Pour répondre à une objection qui se présente naturellement à l'esprit, en ce qui concerne la vitesse de ces corps, nous devons attirer l'attention sur une distinction essentielle. La vitesse énorme propre au corps lumineux ou bolide que l'on voit fendre l'atmosphère contraste avec celle, incomparablement plus faible, que possèdent les éclats au moment de leur arrivée sur la terre. Le bolide se comporte comme un corps *lancé* avec une vitesse initiale considérable; au contraire, les éclats qui nous parviennent à la suite de l'explosion paraissent, en général, ne posséder qu'une vitesse comparable à celle qui correspondrait à leur *chute*, ralentie d'ailleurs par la résistance de l'air.

Les pierres d'une même chute sont plus ou moins nombreuses, et toujours brûlantes, à la surface, au moment de leur arrivée, sans avoir toutefois conservé leur incandescence.

A Orgueil, il est tombé des pierres sur une soixantaine de points compris dans un ovale dont le grand axe avait 20 kilomètres de longueur. La chute de Stannern, en Moravie, a donné plusieurs centaines d'échantillons, et celle de l'Aigle en a fourni environ trois mille; ici, comme à Orgueil, l'espace recouvert par les pierres était ovale. Il avait 12 kilomètres de longueur. Une chute récente observée en Hongrie à Knyahinia n'a pas été beaucoup moins nombreuse que celle de l'Aigle.

Souvent les pierres d'un certain volume pénètrent profondément dans le sol: par exemple, l'une de celles recueillies à Aumale s'est enfoncée de plusieurs décimètres dans un bloc de calcaire compact et résistant. C'est ainsi qu'un certain nombre de météorites peuvent rester enfouies et inaperçues.

Les phénomènes de lumière et de bruit qui signalent la chute des météorites ayant des proportions si imposantes, ce n'est pas sans étonnement qu'on constate l'absence de tout bloc volumineux parmi les pierres tombées. Le plus gros échantillon recueilli à Orgueil pesait 2 kilogrammes; aucun de ceux de la chute de l'Aigle n'excédait 9 kilogrammes; le poids de 50 kilogrammes n'est pas souvent dépassé; c'est comme exception qu'on peut citer quelques pierres de 200 à 300 kilogrammes. Ajoutons même que le poids des fragments est quelquefois seulement de quelques grammes.

Pour les fers météoriques, les poids sont souvent plus forts : on en a trouvé de 700 à 800 kilogrammes, comme le fer de Charcas récemment parvenu au Muséum, et on a trouvé au Brésil un échantillon dont le poids a été évalué à 7,000 kilogrammes; mais ce dernier lui-même ne représente pas un volume égal à un mètre cube.

Les météorites ne seraient donc, en quelque sorte, que de très-menus débris planétaires, comme de la poussière cosmique. La chute d'Orgueil fournirait un argument en faveur de cette dernière hypothèse.

Ce qu'on remarque tout d'abord quand on examine les pierres météoriques, c'est une croûte noire qui en recouvre toute la surface.

En général, cette croûte est mate. Toutefois, dans certaines météorites alumineuses et particulièrement fusibles, elle est luisante, de manière à rappeler un vernis. Son épaisseur n'atteint pas un millimètre. Elle résulte visiblement d'une fusion superficielle, que la pierre a subie pendant un temps très-court; cette fusion est le résultat de l'incandescence que cette pierre a éprouvée en entrant dans l'atmosphère. On arrive à la reproduire artificiellement, en soumettant au chalumeau des éclats de météorites.

La foudre produit sur les roches terrestres un vernis qui n'est pas sans analogie avec celui des météorites; elle détermine sur certaines roches, particulièrement vers les cimes des hautes montagnes, la formation de petites gouttelettes ou d'enduits, sur lesquels de Saussure a appelé l'attention. C'est même à cause de cette ressemblance que les savants auxquels on soumit les pierres tombées à Lucé (Sarthe) en 1768 émirent l'idée qu'elles n'étaient que des pierres terrestres, vitrifiées par la foudre.

La croûte des météorites présente des rides, dont la disposition décèle la direction suivie par chacun des fragments. Cette direction est encore indiquée par la disposition de certains bourrelets, que le vernis a produits en ruisselant jusqu'à l'arrière de chaque pierre.

La forme des éclats est essentiellement fragmentaire : ce sont des polyèdres irréguliers, dont les angles et les arêtes ont été émoussés par l'action simultanée de la chaleur et du frottement.

Il résulte évidemment de tous les faits que nous venons d'énumérer, que les météorites sont des représentants de corps planétaires, dont, sans eux, la nature serait inaccessible à notre étude. La première idée qui s'est présentée a été d'en chercher l'origine dans l'astre le plus rapproché de nous. C'est ainsi que, comme on vient de le rappeler, Laplace et Berzelius considéraient les météorites comme des déjections des volcans lunaires. L'hypothèse la plus généralement admise est celle que Chladni formula, avec hardiesse, dès 1794, et d'après laquelle les pierres tombées du ciel sont des astéroïdes qui, pénétrant dans la sphère d'attraction de la terre, sont précipités à la surface de celle-ci.

Le nombre des chutes connues de météorites n'est pas aussi considérable qu'on pourrait le croire d'après le grand nombre de bolides qu'on a observés et qui apparaissent journellement. Celles que l'on a bien constatées, à notre connaissance, et dont on a pu recueillir les pierres, n'atteignent pas un millier. Dans cette sorte de recensement, on ne tient nécessairement pas compte d'un nombre bien autrement considérable de chutes qui ne nous ont pas laissé de traces ou de souvenir.

Quelque incomplète que soit la statistique des chutes, il est bon de noter comment elles se répartissent suivant les époques de l'année.

Il résulte des relevés qui ont été faits, que les deux mois remarquables par les averses d'étoiles filantes ne paraissent pas privilégiés sous le rapport du nombre des chutes de pierres.

Quant à la répartition géographique des météorites, on en a signalé dans toutes les parties du globe. Toutefois, elle paraît très-inégale : certains points semblent favorisés. On sait l'abondance des fers météoriques dans certaines parties des deux Amériques; au Mexique, aux États-Unis, au Chili. Tandis que certains pays ne mentionnent pas de chute de pierre, ou n'en mentionnent que très-rarement, comme la Suisse, d'autres pays de même surface et qui ne paraissent pas mieux préparés à la constatation de ce genre de phénomène en ont été souvent le théâtre; telles sont certaines régions de la France méridionale[1], comme les environs d'Agen, et la partie septentrionale de l'Italie.

Pendant chacune des deux années 1863 et 1864, on a cité 3 chutes de météorites en Europe. En admettant que cette partie du monde n'ait pas été particulièrement favorisée, et en remarquant qu'elle représente les seize millièmes de la surface totale du globe, on arriverait pour cette dernière au chiffre de 180 météorites. Si, à raison de la facilité avec laquelle les chutes peuvent passer inaperçues, on porte ce nombre au triple, ce qui n'est sans doute pas exagéré, on trouve un total de 600 à 700 pour le nombre annuel des chutes.

Il résulte de ces chutes de météorites que, chaque année, la masse du globe s'est augmentée d'une certaine quantité, et, d'après un principe de mécanique, cette augmentation aurait nécessairement une influence sur la marche de notre planète. On a même voulu lui attribuer l'accélération séculaire du moyen mouvement de la lune; mais celle-ci est bien loin d'être complétement expliquée par le phénomène dont il s'agit. A ce point de vue, le très-faible accroissement de masse que produit l'arrivée de ces corps extra-terrestres paraît devoir être complétement négligé.

Lorsqu'on réfléchit au nombre des météorites que la terre reçoit tous les ans, on est disposé à admettre qu'il en est tombé aussi durant les immenses laps de temps pendant lesquels se sont formés les terrains stratifiés, et dans le bassin même de l'océan où ils se déposaient. Cependant, bien que ces terrains aient été fouillés

---

[1] Barbotan, Agen, Toulouse, Orgueil, Laissac, Alais, Juvinas.

maintes fois, on n'y a jamais mentionné rien d'analogue aux pierres météoriques. Ce fait s'explique peut-être par la facilité avec laquelle ces pierres disparaissent, à la suite de leur oxydation sous l'influence de l'eau, et de la désagrégation qui en est la conséquence.

CHAPITRE II.

CONSTITUTION CHIMIQUE DES MÉTÉORITES.

TYPES À DISTINGUER. —— CLASSIFICATION. —— COMPOSITION DES MÉTÉORITES COMPARÉES AUX ROCHES TERRESTRES.

§ 1. Types à distinguer.

C'est surtout l'étude de la composition des météorites qui a été cultivée dans ces derniers temps.

Les nombreuses analyses qui ont été exécutées ont élargi beaucoup nos connaissances sur la nature des corps qui nous occupent.

Parmi les chimistes de la France auxquels nous sommes redevables de ce progrès, il faut citer tout particulièrement : MM. Dufrénoy, le duc de Luynes, Boussingault, Damour, Pisani, Rivot et Cloëz.

Grâce aux notions que nous possédons sur la composition minéralogique des météorites, il a été possible d'établir des types parmi elles et de les classer. Il est évident que ce classement de types bien définis constitue un progrès véritable.

On en saisira l'importance quand nous aurons fait connaître d'une manière générale quelle est la constitution des météorites.

Si l'on examine les météorites sous le rapport de leur constitution chimique, on observe que les unes sont formées de fer sensiblement pur, tandis que d'autres constituent des masses exclusivement pierreuses. Malgré la différence qui sépare ces deux types extrêmes, on trouve des échantillons mixtes, qui jettent entre eux une sorte de trait d'union. Aussi convient-il d'adopter un nom unique, qui soit applicable à toutes les matières qui nous arrivent des espaces, aux fers comme aux pierres, et même aux substances pulvérulentes ou gazeuses qui pourraient avoir la même origine. Tel est le nom de *météorite;* celui d'*aérolithe,* au contraire, doit être rejeté, comme désignant exclusivement des matières pierreuses.

Nous allons donner un rapide aperçu de la classification qui a été adoptée récemment par M. Daubrée, pour la collection du Muséum [1].

1° *Météorites du premier groupe ou holosidères.* — Le fer météorique forme des masses quelquefois assez pures pour pouvoir être immédiatement forgées, et il a même été employé à la fabrication d'armes et d'outils.

Aucun minéral terrestre ne peut en être rapproché. On a bien trouvé du fer natif à la surface du globe, mais toujours dans des circonstances exceptionnelles, où il paraissait provenir de réductions accidentellement opérées, soit par des gaz combustibles émanés des volcans, soit par l'inflammation des houillères. Et de plus, ce fer terrestre n'a jamais offert les caractères du fer météorique.

Ce dernier est à la fois caractérisé par sa composition chimique et par sa structure.

Il est toujours allié à divers métaux, parmi lesquels le nickel est le plus constant. Il contient du protosulfure de fer isolé sous forme de rognons quelquefois cylindroïdes et encadrés de graphite. On y trouve en outre un phosphure de fer et de nickel, contenant du magnésium, dont l'existence a été démontrée par Berzelius, et auquel on a donné le nom de *schreibersite.* Or, les fers terrestres n'ont jamais cette composition.

Nous citerons, par exemple, le fer de Caille (Alpes-Maritimes), dont la première analyse est due à M. le duc de Luynes [2]. Il l'a trouvé exclusivement formé de fer et de nickel avec des traces im-

---

[1] *Comptes rendus de l'Académie des sciences,* t. LXV, p. 60, 1867.

[2] *Annales des mines,* 4° série, t. V, p. 161, 1844.

pondérables de manganèse et de cuivre. La proportion de nickel s'élève, d'après cette analyse, à 17,37 pour 100. Les résultats auxquels M. Rivot est arrivé postérieurement, sur d'autres échantillons de la même masse, ont été notablement différents; ce chimiste n'a signalé ni manganèse, ni cuivre, mais il a trouvé du cobalt et du chrome. De tels écarts conduisent à admettre combien la composition de ces masses varie, même pour des parties d'aspect identique [1].

La structure des fers météoriques est des plus remarquables. Pour l'observer, après avoir poli une surface du fer, on peut la soumettre à l'action d'un acide. On constate alors que ce fer est à la fois cristallin et hétérogène. Bientôt, en effet, une matière inattaquable apparaît en relief et transforme la surface, primitivement plane, en véritable cliché propre à l'impression. La substance qui apparaît ainsi en relief est justement le phosphure multiple de Berzelius.

Ce phosphure se présente ordinairement en lames minces, dont les intervalles rappellent, par leur finesse et leur parallélisme, une série de coups de burin. Les diverses lames qui traversent ainsi le fer météorique sont généralement orientées parallèlement aux faces de l'octaèdre régulier. Ce fait, facile à constater sur le fer découvert à Caille, est d'autant plus intéressant que le fer terrestre, que l'on a produit en masses cristallines, montre la disposition cubique.

Si l'on suit l'orientation de ces octaèdres, on reconnaît que, dans beaucoup de masses de fer, ils présentent un parallélisme qui montre qu'ils constituent par leur ensemble un cristal unique. La

---

[1] *Annales des mines,* 5e série, t. VI, p. 554, 1854.

Voici les nombres qu'il a obtenus :

Fer.	92.7
Nickel.	5.6
Report	98.3

A reporter	98.3
Chrome, cobalt, traces de silicium.	0.9
	99.2

L'auteur pense que le silicium est contenu dans la masse à l'état de siliciure.

dimension si considérable de ces cristaux contraste avec la structure que l'on observe dans le fer artificiel, même lorsque son état cristallin est aussi prononcé que possible; car même alors, les lames de clivage sont orientées dans toutes les directions, comme on l'observe dans une foule de minéraux et de roches terrestres, tels que le calcaire lamellaire.

Les chutes de fers sont incomparablement plus rares, au moins à l'époque actuelle, que les chutes de pierres. On n'en a observé en Europe que deux bien certaines en plus d'un siècle : l'une en 1751, à Braunau en Bohême; l'autre à Agram en Croatie, en 1847. Cependant on a recueilli dans diverses régions du globe, notamment en Europe, en Sibérie, aux États-Unis, au Mexique, au Brésil et en Afrique, des masses métalliques, auxquelles leur composition autorise à assigner une origine extra-terrestre, avec tout autant de certitude que si on les avait vues tomber.

Deux de ces masses complètes que possède la galerie du Muséum donnent une idée des particularités intéressantes que présentent l'aspect et la structure des fers météoriques. Elles montrent les formes fragmentaires qu'affectent ces masses, malgré leur tenacité, formes qui caractérisent également, comme on le verra plus loin, les masses pierreuses proprement dites.

2° *Météorites du second groupe ou syssidères.* — Certains fers météoriques, au lieu d'être massifs, renferment des *parties pierreuses* disséminées dans une *pâte métallique* faisant *continuité* et formant une sorte d'*éponge métallique.*

Ils forment ainsi un premier terme de passage des fers vers les pierres.

Dans le représentant le plus connu des météorites de ce second groupe, la matière pierreuse, dont les grains sont logés dans le fer, consiste en un silicate à base de magnésie et de protoxyde de fer, constituant précisément l'espèce terrestre connue sous le nom de péridot.

Cette disposition rappelle d'une manière frappante certains fers produits accidentellement dans les usines, dans lesquelles la scorie silicatée joue le rôle rempli par le péridot des météorites qui nous occupent.

Les météorites de ce second groupe sont particulièrement représentées par une masse célèbre de fer, découverte par Pallas à Krasnojarsk, en Sibérie, et par une autre tout à fait semblable, qui a été rencontrée dans le désert d'Atacama, au Chili.

La matière pierreuse de ces météorites, auxquelles nous imposons le nom de *syssidères*[1], ne consiste pas toujours exclusivement en péridot. Quelquefois elle est de nature pyroxénique. C'est ce qui arrive pour la météorite de **Tula**, gouvernement de Perm, en Russie, dont la matière pierreuse affecte une disposition bréchiforme très-remarquable.

Dans les deux types de syssidères qui viennent d'être cités, la pierre est en grains disséminés et *discontinus*. Mais il peut arriver que la pierre y soit *continue*, aussi bien et en même temps que le fer, c'est-à-dire que la masse résulte de l'enchevêtrement mutuel de deux *réseaux continus*, l'un métallique, l'autre pierreux. Telle est, entre autres, la météorite de Rittersgrün, en Saxe.

3° *Météorites du troisième groupe ou sporadosidères.* — La plupart des météorites de ce groupe sont constituées par une *pâte pierreuse* dans laquelle le fer, au lieu d'être continu comme dans les deux premiers groupes, est *disséminé* en grenailles. La relation entre le fer et la pierre est donc précisément inverse de celle qui caractérise le type de Pallas et d'Atacama. Chacun de ces grains présente, d'ailleurs, les caractères de composition et de structure des fers météoriques. Comme eux, ils renferment du nickel, du phosphure et du protosulfure de fer.

Les grains de fer, d'ailleurs en proportion très-variable, ont

____

[1] Du grec σύν, *avec*, pour exprimer la *continuité* du fer.

aussi des dimensions très-différentes, depuis la dimension d'une noisette et au-dessus, jusqu'à des grains à peine visibles ou même microscopiques. Leur forme est très-irrégulière, et souvent tuberculeuse.

Dans cette série, dont les termes extrêmes sont si éloignés, mais reliés par une foule d'intermédiaires, on peut distinguer trois sous-groupes.

Premier sous-groupe ou polysidères. — D'abord le premier sous-groupe, c'est-à-dire le plus riche en fer, est représenté par des masses que leur composition mixte pourrait faire considérer, soit comme pierres, soit comme fer. Nous les désignons sous le nom de polysidères [1]. Le métal et les silicates peuvent, en effet, y être à volumes sensiblement égaux.

Parmi les météorites appartenant à ce sous-groupe, on doit citer spécialement celle que l'on a rencontrée dans la Sierra de Chaco, au Chili.

Les grains de fer de cette météorite, qui sont très-volumineux et de forme tuberculeuse, donnent par les acides les figures remarquables que nous avons décrites. Dans cette expérience, on observe que chaque grain est enveloppé d'une pellicule métallique, plus ou moins mince, dont la structure est beaucoup plus confuse que celle du reste de la masse. Il semble qu'à la périphérie la cristallisation ait été gênée ou brouillée.

La gangue pierreuse dans laquelle les grains métalliques sont empâtés est essentiellement formée de silicates. Si on l'étudie de plus près, on reconnaît qu'elle résulte, en général, du mélange, en proportions variables, d'un silicate très-basique de magnésie, le péridot, avec un silicate plus acide, connu sous le nom de pyroxène.

Deuxième sous-groupe ou oligosidères. (Type commun.) — Les

[1] De πολύς, beaucoup.

météorites sans comparaison les plus fréquentes rentrent dans le sous-groupe auquel nous arrivons maintenant. Sur dix chutes, neuf au moins y appartiennent; aussi peut-on le désigner sous le nom de *type commun*; nous leur donnons le nom d'*oligosidères*[1].

On les distingue facilement des précédents à leur aspect pierreux. La cassure, ordinairement d'un gris cendré et rude au toucher, rappelle, à s'y méprendre, celle de certains trachytes à grains fins. La masse est entièrement cristalline, ainsi que l'on peut facilement s'en assurer par l'examen microscopique d'une lame suffisamment mince.

La pâte paraît, au premier abord, à peu près homogène; mais un examen plus attentif permet de reconnaître qu'elle résulte d'un mélange de substances différentes qui appartiennent, en général, à cinq espèces assez facilement reconnaissables : trois métalliques et deux pierreuses et silicatées.

C'est d'abord du *fer natif*, en grains malléables, souvent très-petits, dont la composition et la structure sont identiques à celles des fers météoriques déjà décrits; leur proportion très-variable est ordinairement comprise entre 8 et 22 pour 100 du poids total;

Du *protosulfure de fer*, qui est souvent en grains isolés, que leur couleur d'un jaune de bronze rend facilement visibles; souvent aussi il existe dans les globules de fer, en mélange indiscernable à la vue. Il forme de 4 à 13 pour 100 de la masse.

Le *fer chromé*, qui forme le troisième élément métallique, apparaît, dans les météorites qui nous occupent, en petits grains noirs, analogues à ceux que l'on remarque dans les serpentines. Ce minéral ne représente que 0,2 à 2 pour 100 de la masse totale. C'est Laugier qui, dès 1806, a signalé dans les météorites la fréquence du fer chromé [2], fait dont l'importance se rapproche de la découverte du nickel faite par Howard, quatre ans auparavant. De nombreuses analyses subséquentes ont confirmé la présence habituelle du chrome.

[1] De ὀλίγος, peu. — [2] *Annales du Muséum*, t. VI.

Ce qui constitue la partie dominante des météorites du type commun, c'est un mélange de silicates, qui se séparent par l'action des acides. L'un, attaquable, même par les acides faibles, a le plus souvent la composition du péridot; l'autre, inattaquable, est plus riche en acide silicique; à part la faible proportion d'alumine, de chaux et d'alcali qu'il renferme, et qui paraît dû à un mélange d'autres silicates, il se rapproche souvent du pyroxène.

Parmi les nombreuses analyses qui ont mis en évidence cette constitution remarquable, nous citerons celle que M. Damour a faite de la pierre tombée le 9. décembre 1858, près de Montréjeau (Haute-Garonne)[1].

M. Dufrénoy[2] avait auparavant fait l'analyse de la pierre tombée le 12 juin 1841, à Château-Renard (Loiret), qui appartient au même type.

Très-souvent, les météorites du type commun présentent une texture globulaire : une matière d'un gris un peu plus foncé que la masse de la pierre forme des globules de différentes grosseurs. Ces globules sont constitués principalement par le bisilicate que nous signalions tout à l'heure et sur lequel les acides n'ont pas d'action. Il résulte de là que, si on dissout les météorites dont il s'agit dans un acide, il peut rester au fond de la fiole une grenaille comparable à du plomb de chasse.

M. Gustave Rose, frappé de cette structure remarquable, a proposé de donner aux météorites du type commun, dont elles forment la majorité, le nom de *chondrites*, dérivé du mot grec χόνδρος, qui signifie *boule*.

---

[1] Il résulte du travail de M. Damour que la pierre de Montréjeau renferme sur 100 parties :

Alliage et phosphure de fer, de nickel et de cuivre..	11.60
Sulfure de fer	3.74
Report	15.34
A reporter	15.34
Fer chromé	1.83
Péridot	44.83
Pyroxène, albite	38.00
	100.00

[2] *Comptes rendus*, t. XII, p. 1230.

Un autre caractère remarquable qu'offrent souvent les météorites de ce sous-groupe, est de présenter des surfaces de frottement analogues aux miroirs de glissement que l'on observe dans certaines parties des filons. Leurs grains de fer métallique ont été étirés le long de ces surfaces de glissement, de manière à rappeler l'influence d'un effort énergique. Ces surfaces sont d'ailleurs interrompues brusquement par le vernis extérieur, ce qui démontre qu'elles ont été produites bien antérieurement, non-seulement à la chute des pierres, mais aussi à leur division en fragments.

Dans les météorites qui nous occupent, la fritte noire extérieure, ou croûte, est toujours mate.

La plupart des échantillons des pierres du type commun présentent, après quelque temps de séjour à l'air humide, de nombreuses taches de rouille, dues à l'altération facile de plusieurs des substances qui en font partie, et spécialement du sulfure de fer. Peut-être cette circonstance fait-elle comprendre comment on ne rencontre pas ces météorites à la surface de la terre, comme on y trouve les fers : la disparition d'une partie de leurs éléments aurait amené leur désagrégation totale.

Troisième sous-groupe ou cryptosidères. — Dans les météorites dont nous faisons le troisième sous-groupe, le fer est peu abondant, et en grains si fins qu'il a passé inaperçu, jusqu'à ce que M. Gustave Rose en ait démontré la présence.

Le nom de *cryptosidères* [1] exprime ce caractère. Ce sous-groupe constitue tout à fait un passage des météorites renfermant du fer métallique aux météorites qui en sont dépourvues; aussi a-t-il été considéré jusqu'à présent comme appartenant à ces dernières.

Mais c'est surtout par la composition de la partie pierreuse que ces météorites diffèrent des précédentes, c'est-à-dire de celles du type commun ou *oligosidères*.

[1] De κρυπτός, *caché*.

La section la plus connue à établir parmi les cryptosidères est celle des météorites alumineuses. Elle est caractérisée, au point de vue minéralogique, par un mélange de deux minéraux distincts, à l'état de cristallisation confuse, le *pyroxène noir* et le *feldspath anorthite*. On y trouve, en outre, la *pyrite magnétique* ou *pyrrhotine*, formant souvent des cristaux hexagonaux parfaitements nets.

L'alumine et la chaux y sont en plus forte proportion, tandis qu'au contraire la magnésie y est en moindre quantité.

Comme exemple, nous citerons la météorite tombée, le 13 juin 1821, à Juvinas (Ardèche), dont l'analyse, faite autrefois par Vauquelin et par Laugier, a été reprise récemment par M. Rammelsberg [1].

On voit que cette composition présente une certaine analogie avec certaines laves bien connues, telles que celles de l'Etna, formées de pyroxène mêlé au feldspath labradorite. Cette composition se rapproche encore plus de celle d'autres laves avec anorthite, que l'on a rencontrées à la Thjorsà, en Islande [2].

Dans les météorites alumineuses, le vernis est brillant et remarquable par la netteté des rides et des bourrelets qu'il présente. Cette circonstance paraît répondre à une plus grande fusibilité de

---

[1] D'après ce dernier travail, on trouve la composition suivante :

Pyroxène augite.........	62.65
Feldspath anorthite......	34.56
Apatite.................	0.60
Titanite...............	0.25
Fer chromé............	1.35
Fer magnétique	1.17
Pyrite magnétique.......	0.25
	100.83

D'après l'analyse de M. Damour, *Bull. de la Soc. géol. de France*, 2ᵉ série, t. VII, p. 83.

[2] Voici le résultat de l'analyse que M. Damour a faite de cette curieuse météorite :

Silice.................	35.30
Magnésie	31.76
Protoxyde de fer.........	26.70
Protoxyde de manganèse...	0.45
Oxyde de chrome	0.75
Potasse................	0.66
Fer chromé et pyroxène...	3.77
	99.39

Cette composition est celle de la variété de péridot riche en protoxyde de fer et connue sous le nom de *hyalosidérite*.

la substance, due à la présence simultanée de l'alumine et de la chaux.

A part la météorite de Juvinas, on peut citer, comme appartenant à ce type, celles tombées le 22 mai 1808 à Stannern en Moravie, et le 13 juin 1819 à Jonzac (Charente-Inférieure).

La présence dans l'une de ces météorites, signalée dès 1825, par M. Gustave Rose, de ces minéraux ayant les mêmes formes cristallines et la même composition que celles d'espèces minérales terrestres, constitue un fait important dans l'étude de ces corps planétaires : car elle montre l'unité des lois qui régissent le monde inorganique à travers les espaces [1].

Une seconde section comprend des météorites principalement formées de silicates magnésiens.

Elle est représentée par la météorite tombée, le 3 octobre 1815, à Chassigny (Haute-Marne). C'est le silicate magnésien, dont nous avons signalé l'existence dans les groupes précédents, le péridot, qui se présente ici, constituant à peu près la totalité de la masse. Il est identique à celui que l'on rencontre sur la terre et contient des grains disséminés de fer chromé [2].

On observe sur la pierre de Chassigny une croûte semblable à celle des météorites précédentes.

4° *Météorites du quatrième groupe ou asidères.* — Les météorites dans lesquelles on n'a pu reconnaître le fer disséminé à l'état métallique sont rares. A mesure que l'on étudie plus attentivement les météorites au point de vue de la présence du fer métallique, le nombre des échantillons de ce dernier groupe se réduit davantage. Il est à peu près restreint aujourd'hui aux météorites charbonneuses.

Les météorites charbonneuses présentent, dans leur composition, des particularités telles qu'on n'aurait jamais pu croire à leur ori-

---

[1] Sur les minéraux cristallisés qui se trouvent dans les pierres météoriques. *Annales de chimie et de physique,* 1826.

[2] *Comptes rendus,* t. LVIII, 1864.

gine, si l'on n'avait été témoin de leur chute. Une récente occasion a permis d'étudier ces intéressantes météorites avec une attention minutieuse.

Ce qui les caractérise, c'est la présence du charbon, non à l'état de liberté ou de graphite comme dans certains fers, mais en combinaison avec l'hydrogène et l'oxygène ; c'est aussi la présence de l'eau combinée ; c'est enfin la présence de matières salines solubles et même déliquescentes. Pour compléter ces caractères distinctifs, il faut ajouter qu'un carbonate double de magnésie et de fer, de l'espèce breunérite, a été rencontré dans la météorite d'Orgueil.

Sous certains rapports, les météorites charbonneuses se rapprochent de celles dont nous avons déjà parlé. Comme ces dernières, elles contiennent des silicates magnésiens, renfermant quelquefois des oxydes de nickel, de cobalt et de chrome. On y retrouve de l'oxyde de fer magnétique, de la pyrite magnétique, en innombrables cristaux microscopiques, n'ayant guère que $\frac{1}{30}$ de millimètre de diamètre, enfin du fer chromé.

La présence du charbon, à l'état de combinaison oxy-hydrogénée et analogue à celles qui résultent de la décomposition des matières végétales, a conduit à rechercher si les météorites charbonneuses ne renfermeraient pas de restes ayant appartenu à des êtres vivants. Mais les recherches les plus délicates n'ont rien décelé de ce genre.

Quoi qu'il en soit, la présence d'une matière organique ternaire, facilement altérable sous l'action de la chaleur, prouverait qu'au moment où les météorites charbonneuses ont pénétré dans l'atmosphère, elles étaient froides. L'incandescence qu'elles ont subie a produit, par la fusion de leur portion superficielle, une croûte mince ; mais la faible conductibilité de la matière a préservé les parties internes d'une altération sensible.

Les météorites charbonneuses dont on a pu recueillir des échantillons se rapportent à quatre chutes, toutes assez récentes. La première eut lieu à Alais (Gard), en 1803, la seconde au Cap de

Bonne-Espérance, en 1838, la troisième à Kaba, en Hongrie, en 1857, et la quatrième à Orgueil (Tarn-et-Garonne), en 1864.

C'est à Berzelius, à Faraday et à M. Wœhler qu'on doit la découverte des principaux faits qui se rapportent à la constitution des météorites de ce sous-groupe.

Plus récemment, M. Cloëz a étudié la météorite charbonneuse d'Orgueil, et principalement l'état de combinaison du carbone [1].

De son côté, M. Pisani a examiné la même météorite, surtout au point de-vue de la matière pierreuse.

Appendice aux groupes précédents.

Météorites pulvérulentes. — Les espaces nous fournissent non-seulement des masses cohérentes, pierreuses ou métalliques, mais aussi des matières pulvérulentes.

L'existence de ces poussières météoriques n'a pas, autant qu'elle l'aurait dû, attiré l'attention des savants. Cette circonstance tient à l'extrême difficulté de distinguer les poussières véritablement cosmiques de celles dont l'origine est terrestre, et qui sont sans comparaison les plus abondantes.

Aux exemples, que nous avons rappelés plus haut, de chutes de matières terrestres, nous pouvons ajouter, comme bien connues, les prétendues pluies de soufre qui résultent de la chute de poussières polliniques, et certaines pluies siliceuses, qu'Ehrenberg a reconnu être formées de carapaces d'infusoires.

Mais, à côté de ces substances terrestres, on en doit distinguer qui sont véritablement cosmiques. Par exemple, certaines chutes de pierres ont été accompagnées de chute de poussière. C'est ainsi que, le 14 mars 1813, en même temps qu'il tomba à Cutro, dans les Calabres, une quantité de pierres, on recueillit en abondance une poudre rouge [2].

---

[1] *Biblioth. britannique,* 1813 et 1814.

[2] L'amiral Krüsenstern a été témoin d'un fait qui doit être cité à cette occasion. Il a observé, dans son voyage autour du

De même, le 5 novembre 1814, on remarqua que les dix-neuf pierres ramassées à Doab, dans l'Inde, étaient comme enveloppées d'une matière pulvérulente.

Dans certains cas, on a observé la chute de poussières sans accompagnement de pierres, mais annoncée toujours par ces remarquables phénomènes de lumière et de bruit que nous avons décrits. Le catalogue que Chladni publia en 1824 en fait connaître de nombreux exemples, parmi lesquels figure le suivant. En 1819, à Montréal, Canada, on observa une pluie noire, accompagnée d'un obscurcissement extraordinaire du ciel, de détonations comparables à celles de décharges d'artillerie et de lueurs des plus brillantes. On crut d'abord à l'incendie d'une forêt voisine, coïncidant avec un violent orage; mais l'ensemble du phénomène et l'examen de la matière tombée, peut-être analogue à la météorite d'Orgueil, ont prouvé qu'il était dû à l'arrivée dans l'atmosphère de matières étrangères à notre globe.

Il tomba à Lœbau, en Saxe, le 13 janvier 1835, une poudre formée d'oxyde de fer magnétique. Cette chute suivit l'explosion d'un bolide, qui se mouvait, dit-on, avec une vitesse extraordinaire, et dont les éclats paraissaient brûler en traversant l'atmosphère.

C'est peut-être aux poussières météoriques qu'on doit rattacher la cause des traînées qui suivent les météorites au moment de leur explosion; c'est peut-être aussi à la combustion de ces poussières qu'est due en partie l'incandescence des bolides.

La météorite charbonneuse d'Orgueil, si intéressante à plusieurs points de vue, a été très-instructive en ce qui regarde l'existence des poussières météoriques. Elle est friable, au point que certains échantillons se réduisent en poudre par la simple pression entre les doigts. On peut donc s'étonner qu'ils soient arrivés entiers à la surface du globe. Peut-être s'explique-t-on ce fait, en remarquant

monde, un bolide qui laissa après lui une traînée lumineuse remarquable par sa persistance; elle continua de luire pendant une heure entière sans changer sensiblement de place.

les deux circonstances suivantes : d'abord chaque fragment était enveloppé, au moment de la chute, d'une croûte vitrifiée, plus solide que le reste de la masse; en outre, les diverses parties de la météorite sont cimentées par des sels alcalins. L'eau, en dissolvant ce ciment, amène la désagrégation complète de la météorite, qui se réduit en une poussière de la plus grande ténuité[1]. De sorte que, si, le 14 mai 1864, le ciel, au lieu d'avoir été parfaitement pur, se fût trouvé pluvieux ou simplement couvert de couches de nuages à travers lesquelles ces pierres auraient dû passer, on n'aurait pu recueillir qu'une boue visqueuse, comparable à celles dont on a observé la chute dans plusieurs circonstances[2].

L'étude de la météorite d'Orgueil montre enfin comment les poussières météoriques peuvent être combustibles, et contribuer à l'incandescence par leur oxydation.

En présence de ces divers faits, il convient d'être très-attentif à la chute des poussières atmosphériques.

Il serait bon, lors de l'explosion des bolides, de rechercher dans l'air ces matières pulvérulentes, à l'aide de tous les moyens dont on dispose aujourd'hui.

Météorites gazeuses (mentionnées pour mémoire). — Les espaces ne nous fournissent-ils jamais aucune matière gazeuse? On l'ignore; mais sans parler des étoiles filantes, il n'est pas impossible que certaines météorites ou les corps dont elles se détachent soient pourvus d'atmosphère. Quoi qu'il en soit, et pour être complet, nous citerons, au moins pour mémoire, les météorites gazeuses.

§ 2. Classification des météorites.

Après avoir indiqué les divers types dans lesquels on peut ranger les météorites, il est nécessaire d'exprimer leurs rapports, au

---

[1] La poudre dont il s'agit traverse même les filtres les plus serrés.

[2] Ainsi, en Lusace, le 8 mars 1796, on vit, après l'explosion d'un bolide, tomber une masse visqueuse, bleuâtre et probablement charbonneuse.

moyen d'une classification. Celle que nous présentons ici, d'ailleurs fort simple, a exigé la création d'un certain nombre de noms, dont on appréciera les avantages. Elle est indiquée dans le tableau suivant :

MÉTÉORITES SOLIDES ET COHÉRENTES.

			GROUPES.	SOUS-GROUPES.	EXEMPLES.	DENSITÉS.
SIDÉRITES. Météorites renfermant du fer à l'état métallique		Ne renfermant pas de matières pierreuses..	I. HOLOSIDÈRES		Charcas	7,0 à 8,0
	Contenant à la fois du fer et des matières pierreuses.....	Le fer se présente sous forme d'une *masse continue*....	II. SYSSIDÈRES		Rittersgrünn .	7,1 à 7,8
		Le fer se présente en *grains disséminés*.....	III. SPORADO-SIDÈRES	*Polysidères.* La quantité de fer est considérable......	Sierra de Chaco.....	6,5 à 7,0
				Oligosidères. La quantité de fer est faible....	Aumale....	3,1 à 3,8
				Cryptosidères. Le fer est indiscernable à la vue.....	Chassigny.. 3,5 Juvinas.... 3,0 à 3,2	
ASIDÉRITES. Météorites ne renfermant pas de fer à l'état métallique.			IV. ASIDÈRES		Orgueil....	1,9 à 3,6

§ 3. Composition des météorites comparées aux roches terrestres.

Corps simples. — Il résulte de plusieurs centaines d'analyses, dues aux chimistes les plus éminents, que les météorites n'ont présenté aucun corps simple étranger à notre globe. Les éléments qu'on y a trouvés jusqu'à présent sont au nombre de 22.

Les voici, à peu près suivant l'ordre décroissant de leur importance :

Le *fer* est absolument constant, soit à l'état de métal, dans les trois premiers groupes, soit à l'état d'oxyde, dans presque tous les cas.

Le *magnésium* se rencontre très-généralement à l'état de silicate; il entre aussi dans la constitution de phosphures qui ont été signalés plus haut.

Le *silicium* donne lieu aux silicates, qui constituent la masse principale de la plupart des météorites.

L'*oxygène* se rencontre toujours dans la partie pierreuse des météorites.

Le *nickel* est, comme on l'a vu, le principal compagnon du fer.

Le *cobalt*, sans être en aussi forte proportion, est presque aussi constant.

Il en est de même du *chrome*, qui se trouve dans les pierres, à l'état de fer chromé.

Le *manganèse* a été souvent signalé.

Le *titane* est beaucoup plus rare.

L'*étain* et le *cuivre* ont été découverts par Berzelius.

L'*aluminium* existe, dans un certain nombre de météorites, à l'état de silicates multiples; il en est de même pour le *potassium*, le *sodium* et le *calcium*.

L'*arsenic* a été signalé dans le péridot du fer d'Atacama.

Le *phosphore* se présente surtout à l'état de phosphures, et, parfois, à l'état de phosphates.

L'*azote*, découvert par Berzelius dans la météorite charbonneuse d'Alais, a été retrouvé dans un fer météorique, par M. Boussingault.

Le *soufre* forme très-fréquemment des sulfures.

Des traces de *chlore*, dans certains fers, sont reconnaissables au chlorure de fer qu'elles produisent à la longue, et qui tombe en déliquescence.

Le *carbone* se trouve dans les fers, soit à l'état de graphite, soit combiné au métal à l'état de carbure. Il existe aussi dans les météorites charbonneuses, paraissant combiné à l'oxygène et à l'hydrogène, et dans l'une d'elles, il a été rencontré à l'état de carbonate.

L'*hydrogène* fait aussi partie des météorites charbonneuses; d'un autre côté, M. Graham l'a tout récemment signalé dans le fer de Lenarto.

Combinaisons communes aux météorites et au globe terrestre. — Au nombre des combinaisons que ces divers corps simples affectent dans les météorites, il y en a plusieurs que l'on retrouve parmi les espèces minéralogiques terrestres. Tels sont le *péridot*, le *pyroxène* et l'*anorthite*, le *fer chromé*, la *pyrite magnétique* et le *fer oxydulé*. Ce dernier y est singulièrement rare. Le *graphite* et l'*eau* peuvent également être cités parmi les minéraux communs aux météorites et au globe terrestre.

Roches communes aux météorites et au globe terrestre. — De plus, certaines météorites présentent des espèces minéralogiques associées de la même manière que dans certaines roches terrestres. C'est ainsi que la pierre de Juvinas est identique à certaines laves d'Islande; que la pierre de Chassigny offre tous les caractères du péridot terrestre, avec les grains de fer chromé disséminé, exactement comme la roche de péridot nommée *dunite*, récemment découverte à la Nouvelle-Zélande; enfin, que les météorites charbonneuses rappellent, à certains égards, quelques-uns de nos combustibles charbonneux.

Minéraux spéciaux aux météorites. — D'un autre côté, plusieurs espèces minéralogiques sont spéciales aux météorites, notamment le *fer natif*, le *phosphure de fer et de nickel (schreibersite)* et le *protosulfure de fer (troïlite)*.

CHAPITRE III.

EXPÉRIENCES SYNTHÉTIQUES RELATIVES AUX MÉTÉORITES.
RAPPROCHEMENTS AUXQUELS CES EXPÉRIENCES CONDUISENT.

S 1. Expériences synthétiques relatives aux météorites.

Tandis que les espèces communes aux météorites et au globe terrestre décèlent des influences qui ont également agi dans ces deux ordres de gisement, les espèces propres aux météorites indiquent d'autres influences, spéciales à celles-ci, dont l'examen attentif conduit à d'utiles indications, relativement au mode de formation de ces derniers corps.

Remarquons tout d'abord que nous laissons absolument de côté la cause qui nous apporte les météorites, pour ne nous occuper que des particularités de leur structure et de leur composition.

On a pensé quelquefois que les météorites avaient cristallisé dans notre atmosphère en s'y refroidissant; il n'en est rien. Ces corps planétaires nous arrivent, il est vrai, incandescents; mais cette incandescence n'atteint jamais l'intérieur des morceaux, même lorsqu'ils sont de très-faible dimension. Il en résulte que l'état intérieur de ces morceaux est identiquement ce qu'il était dans les espaces. On peut donc regarder les météorites comme de véritables échantillons de corps planétaires.

Il a paru à M. Daubrée que le moment était venu de compléter, par des expériences synthétiques, les nombreuses notions que l'analyse a fournies sur la constitution des météorites. Il était, en effet, permis d'espérer que la synthèse expérimentale ne rendrait pas moins de services dans cette étude que dans celle des minéraux et des roches terrestres.

Obligé de nous restreindre, nous ne pouvons donner ici qu'un résumé sommaire des expériences exécutées par M. Daubrée[1]. Elles ont eu pour objet d'abord les météorites métalliques ou les fers, puis les météorites pierreuses, et spécialement celles du type commun, c'est-à-dire les *oligosidères*.

Ces diverses expériences ont été réalisées aux plus hautes températures que nous sachions produire, dans le voisinage de celle de la fusion du platine. Une partie a été faite au feu de coke, dans un fourneau à vent, en communication avec une cheminée de 4o mètres; les autres dans l'appareil à gaz récemment imaginé par M. Schlœsing.

Fers. — Nous avons déjà décrit la structure remarquable des fers météoriques, et nous avons dit qu'elle est due, à la fois, à la cristallisation de toute la masse et à un véritable départ. Lorsque, après avoir fondu un fer de cette nature, on le laisse refroidir lentement, le produit ne présente plus cette structure que d'une manière peu distincte.

Cela posé, on a essayé de préparer artificiellement un fer offrant les caractères dont nous nous occupons, en fondant du fer doux avec les substances qui entrent dans la composition des fers météoriques, prises soit successivement, soit simultanément. Le résultat a été assez satisfaisant, lorsqu'on avait ajouté des phosphures : l'état de la cristallisation était cependant plus confus que lorsqu'il s'agit des fers naturels, et cela peut tenir à la vitesse trop grande du refroidissement.

Pierres. — Quand on fond les météorites pierreuses, celles du type commun par exemple, on n'obtient pas un verre noir analogue à la croûte vitreuse que nous avons décrite plus haut.

---

[1] Des détails plus circonstanciés sur ces expériences se trouvent consignés dans le travail que M. Daubrée a présenté à l'Académie des sciences, et qui est inséré dans les *Comptes rendus,* t. LXII, p. 2oo, 36g et 66o. Voyez aussi *Bulletin de la Soc. géol. de France,* 2ᵉ série, t. XXIII, p. 2g1, 1866.

Dans la masse silicatée produite par la fusion, on remarque tout d'abord le fer, qui s'est séparé sous forme de grenailles ou de culot.

Contrairement à ce qu'on aurait pu croire, cette masse silicatée est cristalline; son état cristallin est même beaucoup plus net que celui des météorites primitives. Son étude montre qu'elle résulte principalement d'un mélange de péridot et d'enstatite.

La première espèce présente souvent des formes nettes et mesurables. Ces deux silicates se séparent par une sorte de liquation. En général, le péridot forme à la surface une pellicule mince cristallisée, tandis que l'intérieur se compose de longues aiguilles d'enstatite. Dans certains cas, les cristaux d'enstatite s'étendent à la surface de la masse avec une disposition qui rappelle tout à fait celle du mica dit palmé, que renferment certaines pegmatites des Pyrénées et du Limousin.

Ce dernier fait désignait comme matière première des expériences de synthèse les roches présentant une constitution analogue. Telles sont celles qu'on connaît sous les noms de *péridot* et de *lherzolithe*.

Réduction de roches péridotiques. — Si l'on soumet ces roches à l'influence d'une matière réductrice, telle que le charbon ou l'hydrogène, le produit est tout à fait semblable à celui qu'on obtient par la fusion des météorites.

Dans la masse pierreuse formée de péridot et de pyroxène il s'est isolé du fer métallique, et de plus, ce fer renferme du nickel; car ce métal existe dans la plupart des péridots.

Plusieurs détails intimes de la structure ont pu être reproduits par cette méthode.

Quand on examine au microscope une plaque mince de péridot ou de lherzolithe après fusion, on y retrouve, comme dans la plupart des météorites du type commun, ces séries de lignes droites parallèles, simulant des coups de burin, remarquables par leur régularité au milieu de fendillements de forme irrégulière. Ces lignes sont dues à l'existence de plans de clivage. En outre, des aiguilles fines d'enstatite, parallèles et sensiblement équidistantes, disposées aussi par faisceaux, rappellent des détails de texture que fait connaître l'examen microscopique de beaucoup de météorites.

La structure globulaire est si fréquente dans les météorites du type commun, qu'elle a valu à tout ce groupe la dénomination de *chondrite*. Or, nous voyons des grains ou sphérules semblables prendre naissance dans plusieurs des expériences faites sur la fusion des silicates magnésiens. Parmi ces globules, les uns sont à surface lisse, d'autres à surface drusique ou hérissée de petits cristaux microscopiques. Ces derniers ressemblent tout à fait aux globules de la météorite de Sigena (17 novembre 1773), de la variété friable. Ces globules sont inattaquables par les acides, comme ceux des météorites. L'analyse d'un échantillon a montré qu'il renferme plus de silice que le bisilicate.

Enfin, les surfaces de frottement, avec enduit d'apparence graphitique, que présentent, à l'intérieur, beaucoup de météorites (par exemple, Alexandrie, 1860), s'imitent très-bien avec les silicates fondus qui renferment le fer réduit en très-petits grains, lorsqu'on vient à en frotter deux fragments l'un contre l'autre.

Dans une autre série d'expériences, on a employé comme réducteur, non plus le charbon, mais l'hydrogène, et les résultats ont été de même ordre; ainsi la lherzolithe, le pyroxène, soumis à un courant d'hydrogène, abandonnent, à l'état de métal, le fer qui s'y trouvait sous la forme de silicate de protoxyde. La réaction peut s'accomplir à une température qui ne dépasse pas le rouge. Dans ces mêmes conditions, les phosphates, soit seuls, soit en présence des silicates, se réduisent en phosphures, en sorte que le produit final de l'action de l'hydrogène offre une grande analogie chimique avec les météorites.

Oxydation de siliciures. — Une autre série d'expériences a été tentée par un procédé inverse de la réduction qui venait d'être réalisée. Du siliciure de fer a été chauffé sous l'influence d'une atmosphère peu riche en oxygène, et qui n'avait que très-peu d'accès, au milieu d'une brasque de magnésie. Le silicium s'est oxydé d'abord, et l'acide silicique ainsi formé a produit immédiatement du silicate de magnésie. Celui-ci, prenant un peu de protoxyde de fer, a donné naissance à la fois à des cristaux de péridot et à un silicate inattaquable comme le pyroxène. La majeure partie du fer s'est séparée à l'état métallique sous la forme de culot et de grenailles disséminées, dont la grande malléabilité indique la pureté et contraste avec la fragilité du siliciure employé.

Ce résultat est analogue à celui que produit la réaction bien connue de l'oxygène de l'air atmosphérique, lors de l'affinage du fer. La scorie noire, dont on observe alors la formation, est constituée, comme Mjtscherlich et Haussmann l'ont établi, par du péridot à base de fer, ayant la même formule chimique et la même forme cristallographique que le péridot à base de magnésie. Du pyroxène riche en fer se produit aussi, lorsque la silice est en excès.

Si, au lieu de mettre simplement du siliciure de fer dans la magnésie, on fait intervenir dans l'expérience du fer nickelifère, du phosphure de fer et du protosulfure de fer, on arrive à reproduire les météorites dans leurs principales particularités.

De même que dans les météorites, la partie métallique, culot et grenailles, renferme la totalité du nickel, pendant que le péridot n'en retient pas sensiblement. De plus, on voit apparaître dans le produit artificiel le phosphure de fer et de nickel avec magnésium, signalé par Berzelius dans les météorites naturelles.

§ 2. Conséquences pour l'origine des corps planétaires dont dérivent les météorites.

Température. — D'abord, est-il possible de se faire une idée de la température à laquelle les corps planétaires dont il s'agit se sont formés?

Les expériences qui précèdent permettent de lui attribuer certaines limites.

Cette température était sans doute élevée, puisque des silicates anhydres, tels que le péridot et le pyroxène, se sont produits. Toutefois, elle paraît avoir été inférieure à celles qui sont réalisées dans les expériences précédentes. Deux faits conduisent à cette conclusion :

1° La température élevée produite dans le laboratoire a amené la formation de silicates, en cristaux nets et volumineux, tels que l'on n'en rencontre jamais dans les météorites. Il est, en effet, extrêmement digne de remarque que les substances silicatées, qui composent les météorites du type commun, y soient toujours à l'état de cristaux très-petits et essentiellement confus, malgré la tendance très-remarquable qu'ils ont à cristalliser.

S'il était permis de chercher quelque analogie autour de nous, nous dirions que les cristaux obtenus par la fusion des météorites rappellent les longues aiguilles de glace que l'eau liquide forme en se congelant, tandis que la structure à grains fins des météorites naturelles ressemble plutôt à celle du givre ou de la neige, formée, comme on le sait, par le passage immédiat de la vapeur d'eau atmosphérique à l'état solide, ou encore à celle de la fleur de soufre.

Dans les météorites, la forme des grains de fer est tout à fait irrégulière et comme tuberculeuse (Sierra de Chaco). Or, la température mise en jeu dans ces expériences a déterminé les grenailles métalliques à prendre une forme parfaitement sphérique, ce que l'on n'observe jamais non plus dans les météorites.

Une expérience a confirmé cette manière de voir. M. Daubrée a cherché à imiter le mode de dissémination du fer métallique dans les silicates, tel que le présentent les météorites ordinaires, en exposant à une température élevée du fer réduit, mélangé inti-

mement à de la lherzolithe. Après fusion du tout, les particules
de fer se sont réunies en de nombreux grains encore très-petits,
mais dont la forme globulaire facilement reconnaissable, surtout
après que l'échantillon a été poli, contraste avec les grains de
forme tuberculeuse disséminés dans les météorites.

Faisons bien remarquer, en tout cas, que cette chaleur originelle
n'existe plus quand ces masses pénètrent dans notre atmosphère.
En effet, la météorite charbonneuse d'Orgueil se compose d'une
matière pierreuse, renfermant en combinaison ou en mélange in-
time, jusque dans ses parties centrales, de l'eau et des matières
volatiles; c'est, à raison de cette nature si impressionnable, un
véritable thermomètre à *maximum* qui nous indique que ces corps
ne pouvaient être que froids au moment où ils nous sont arrivés
de l'espace; car ces composés volatils ne paraissent pas s'être constitués dans notre atmosphère.

Constitution chimique et mode de formation. — Les expériences qui
précèdent expliquent très-simplement la nature semi-métallique
si caractéristique des météorites.

Partons, en effet, d'un état initial, où l'oxygène n'était pas combiné au silicium et aux métaux qui entrent dans la constitution
des météorites, comme ils le sont aujourd'hui, et cela peut-être
parce que la température initiale de ces corps était assez élevée
pour les empêcher d'entrer en combinaison, ou parce que, d'abord
à distance, ils ne s'étaient pas rapprochés.

Si, par suite d'un refroidissement ou par une autre cause, telle
qu'un rapprochement de ces corps, l'oxygène vient à agir sur eux,
il est évident qu'il s'unira d'abord aux éléments les plus oxydables.
Le silicium et le magnésium brûleront avant le fer et le nickel,
et si le gaz comburant n'est pas assez abondant pour oxyder le
tout, ou s'il n'agit pas pendant un temps suffisant, ceux-ci devront
rester disséminés dans une gangue de silicates, en conservant leur
état métallique, exactement comme on l'observe dans les météorites.

Comme on le voit, si l'on suppose l'oxydation poussée successivement à divers degrés, les expériences qui précèdent expliquent non-seulement la formation des météorites du type commun, mais encore celles du groupe des syssidères et du sous-groupe des polysidères. Ces corps sont donc à assimiler à des produits de voie sèche.

Ce mode de formation ne paraît pas s'appliquer aussi bien aux météorites appartenant au groupe des *cryptosidères*, et spécialement à celles du type de Juvinas, de Stannern et de Jonzac. On a vu quelle analogie étroite les rapproche de certaines laves alumineuses formées de pyroxène et d'anorthite; or, l'eau, en présence de laquelle se sont formées ces dernières, ne paraît pas avoir été étrangère à leur cristallisation. En tout cas, ces roches ne cristallisent pas dans les conditions de fusion sèche, comme le font si facilement les silicates magnésiens; la fusion les transforme en masses vitreuses et amorphes. Comme on le voit, les météorites de ce dernier type sont des produits mixtes, qu'on imiterait peut-être en opérant dans l'eau suréchauffée.

Quant aux météorites charbonneuses, elles diffèrent de toutes les autres en ce que, bien évidemment, plusieurs des substances qui les constituent ont été formées à une température très-peu élevée. Au premier abord, on serait tenté de les considérer comme de la terre végétale planétaire; mais il est possible et même probable que ces composés carburés ont été formés sans le concours de la vie, et représentent les derniers termes de certaines réactions.

§ 3. Conséquences pour la formation du globe terrestre.

Analogies et différences entre les météorites et les roches terrestres. — On a vu plus haut combien les météorites offrent d'analogie de composition avec plusieurs roches terrestres. Non-seulement elles renferment les mêmes corps simples, mais les trois corps qui prédominent dans la série des météorites, le fer, le silicium et l'oxygène, sont aussi ceux qui prédominent dans notre globe; en outre, on y retrouve des espèces minérales communes et associées de la même manière.

Il y a lieu de remarquer que les roches qui offrent ces traits de ressemblance avec les météorites appartiennent toutes aux régions profondes du globe. Ce sont ou des laves ou des roches péridotiques, dont le réservoir est situé au-dessous de l'assise granitique.

A côté de ces analogies, il existe des différences qui ne méritent pas moins de fixer l'attention. Ces différences portent essentiellement sur l'état d'oxydation du fer. Le fer, si abondant dans nos roches, n'y a pas été rencontré à l'état natif. Il en est de même du phosphure de fer et de nickel, presque toujours associé aux fers météoriques, qui fait complétement défaut dans nos roches et qui y est remplacé par les phosphates, particulièrement fréquents dans les roches silicatées basiques.

En résumé, la différence essentielle entre les météorites et les roches terrestres analogues consiste en ce que les premières renferment, à l'état réduit, certaines substances que les secondes renferment à l'état oxydé. Tout porte à croire que les masses, entre lesquelles il existe une telle similitude de composition, auraient été identiques, malgré leur immense éloignement, si elles n'avaient subi des actions différentes.

Importance des roches magnésiennes du type péridot, tant dans le globe terrestre que dans notre système planétaire. — Parmi les silicates basiques, il en est un qui se présente avec une constance remarquable dans presque toutes les variétés de météorites, depuis les fers jusqu'aux pierres proprement dites, c'est le péridot. Il est rarement seul (Chassigny); ordinairement il est mélangé de silicates plus acides, souvent en parties indiscernables.

D'un autre côté, bien que le péridot ne figure pas comme roche dans la plupart des classifications géologiques, il est probable qu'il possède dans les profondeurs de notre globe une importance considérable. En effet, les laves de tous les volcans du monde en contiennent des fragments, que leur forme anguleuse, et parfois leur disposition bréchiforme, désignent comme ayant été arrachés à des masses préexistantes. D'un autre côté, le péridot forme la base d'une roche importante connue sous le nom de lherzolithe, qui a fait éruption sur plusieurs points des Pyrénées, et entre autres près du lac de Lherz. Elle se retrouve dans d'autres contrées. On la connaissait en Tyrol, et, il y a peu d'années, elle a été découverte à la Nouvelle-Zélande, où elle constitue une chaîne entière, par M. de Hochstetter qui lui a donné le nom de *dunite*, plus récemment encore dans le Nassau, par M. F. Sandberger, et enfin en Norwége, principalement aux environs de Bergen, où le péridot abonde, associé au fer chromé, comme à la Nouvelle-Zélande.

On est donc amené à reconnaître que le rôle de ces roches de péridot, si restreint à la surface de la terre, est sans doute prédominant à une certaine profondeur. Son importance s'étendrait aussi bien à notre globe qu'au reste de notre système planétaire, autant du moins que l'on peut juger de ce dernier par les échantillons qui nous en arrivent.

D'ailleurs, il n'y a pas à s'étonner que le péridot ne parvienne pas plus abondamment à la surface du globe. C'est en effet le silicate le plus basique que l'on connaisse, et il a une grande tendance à prendre de la silice et à se transformer en un silicate plus acide, tel que l'enstatite ou le pyroxène, comme le montrent les expériences dont il vient d'être question. Or, pour venir de son gîte primitif à la surface, il lui a fallu traverser des roches plus acides, ayant des kilomètres d'épaisseur. Il a dû nécessairement réagir sur celles-ci et donner naissance à ces roches si nombreuses qui, sous le nom de roches pyroxéniques, amphiboliques, etc. établissent une transition continue entre le péridot pur et le pyroxène.

Transformation de la serpentine en péridot. — On peut aussi signaler une autre cause d'altération du péridot. C'est l'hydratation qui paraît l'avoir transformé en serpentine. Jusqu'ici on n'a pas pu reproduire artificiellement cette transformation; mais il a été facile de donner lieu à la réaction inverse, c'est-à-dire de revenir de la serpentine au péridot. Il suffit pour cela de fondre la serpentine dans un creuset. La masse, après refroidissement, est essentiellement formée de péridot et d'enstatite.

Dans la nature on observe, en effet, des passages insensibles entre la serpentine et le péridot. La lherzolithe serpentineuse des Pyrénées, de Sem, en offre un exemple très-net. Cette hydratation du péridot serait analogue à celle que le verre subit, comme M. Daubrée l'a démontré, sous l'influence de l'eau suréchauffée. En admettant cette transformation, on se trouve conduit à rattacher la serpentine aux roches de péridot et à constituer ainsi une *famille péridotique*.

Caractères qui distinguent les roches péridotiques. — Parmi les caractères des roches péridotiques, il en est trois qui les distinguent nettement de toutes les autres roches silicatées, et qui méritent de fixer l'attention.

1° Le péridot nous représente le type silicaté le plus basique que l'on connaisse, soit dans les météorites, soit dans les roches éruptives. Dans cette série, dont il constitue le premier terme et qui se termine au granite, il forme l'espèce à la fois la plus simple de composition et la mieux définie.

2° Au point de vue du mode de cristallisation, le péridot, ainsi que le bisilicate de magnésie ou enstatite, qui est son compagnon fréquent, se distingue des silicates alumineux, particulièrement de ceux du groupe du feldspath, par la facilité avec laquelle ils se forment et cristallisent par la voie sèche, à la suite d'une simple fusion. Au contraire, on n'a jamais pu faire cristalliser artificiellement, dans les mêmes conditions, rien qui ressemblât, même de loin, au granite.

3° Les roches de péridot sont très-remarquables aussi par leur forte densité, qui est supérieure, comme le montre le tableau sui-

vant, à celles de toutes les autres roches éruptives et même à celles
des basaltes :

Granite	2,64	à	2,76
Trachyte	2,62	à	2,88
Porphyrite	2,76		
Diabase	2,66	à	2,88
Basalte	2,9	à	3,1
Enstatite	3,303		
Lherzolithe	3,25	à	3,33
Péridot	3,33	à	3,35

Ces diverses roches ont dû dans l'origine se superposer les unes
aux autres, dans un ordre conforme à leur accroissement de densité. La forte densité des roches de péridot justifie la position nor-
male qu'elles paraissent avoir dans l'écorce terrestre, au-dessous
du revêtement granitique, au-dessous même des roches basiques
alumineuses.

*Application de ce qui précède au mode de formation de notre globe;
origine du péridot comme scorie universelle.* — L'idée à laquelle nous
venons d'être conduit pour expliquer l'origine des corps planétaires
dont proviennent les météorites, éclaire aussi le mode de formation de cette masse silicatée épaisse qui constitue la partie externe
du globe terrestre.

Déjà, au commencement du siècle, Davy, après avoir fait connaître les résultats de son admirable découverte de la composition
des alcalis et des terres, supposait que les métaux engagés dans ces
oxydes pouvaient exister à l'état libre dans l'intérieur du globe, et
il voyait dans leur oxydation par l'accès de l'eau et de l'air la
cause de la chaleur et des éruptions des volcans.

Plus tard, on a agrandi cette hypothèse en l'étendant à l'origine de l'écorce terrestre elle-même, qui renferme précisément à
l'état de silicates les oxydes des métaux les plus avides d'oxygène,
potassium, sodium, calcium, magnésium, aluminium, et en con-

sidérant l'eau des mers elle-même comme le résultat de la combustion de l'hydrogène dans cette oxydation générale. Sir Henry de la Bèche, dont l'esprit savait embrasser toutes les grandes questions de la géologie, exposa l'un des premiers cette idée, qu'avaient bien préparée les importantes observations de Haussmann, de Mitscherlich et de Berthier, sur les scories d'usines, et que M. Élie de Beaumont a désignée, avec beauconp de justesse, par l'expression de *coupellation naturelle.*

On reconnaît, sans de plus longues explications, comment cette vue théorique se trouve confirmée et précisée par les résultats que M. Daubrée a obtenus dans la synthèse des météorites.

D'après ce qui vient d'être exposé, il devient naturel d'admettre que les roches de péridot, dont nous avons reconnu l'importance dans la constitution des régions profondes de notre globe, ont la même origine que les silicates semblables qui font partie des météorites. Ces roches péridotiques seraient aussi, dans notre planète, le produit le plus direct d'une scorification qui se serait opérée à une époque extrêmement reculée.

Il est essentiel de bien s'entendre sur le mot de scorification. On sait que lorsqu'on tient en fusion, au contact de l'air, un bain de fonte impure, le fer s'oxyde, ainsi que certains corps qui lui sont associés, dont le silicium est le plus important. Cette oxydation donne naissance à un silicate ferrugineux qui occupe la partie supérieure du bain métallique. C'est une véritable scorie liquide; par le refroidissement, elle pourra devenir pâteuse, puis solide, et alors présenter une structure compacte, lithoïde, cristalline, toute différente, en un mot, des matières spongieuses et boursouflées auxquelles on a donné le nom de scories volcaniques. C'est là le sens métallurgique que nous étendons à la *scorification du globe.*

Quant aux roches feldspathiques, beaucoup de géologues admettent qu'elles n'ont pas été produites simplement par voie sèche, comme nous venons de montrer que cela a probablement eu lieu pour les couches péridotiques profondes, mais qu'elles ont été formées avec l'intervention d'agents particuliers, entre autres de l'eau. Quoi qu'il en soit, on pourrait y voir, notamment dans les trachytes, l'autre terme extrême de la série des masses silicatées dans la scorification générale. L'opposition entre ces deux types les plus distincts et les mieux caractérisés porte non-seulement sur la composition minéralogique et les circonstances de la cristallisation, mais aussi sur la densité de ces masses et leur situation à des profondeurs nécessairement très-différentes.

Faisons remarquer encore que cette scorification primitive, s'étendant sur une épaisseur aussi considérable, peut, même encore à l'époque actuelle, présenter, suivant la profondeur, des masses sous les trois états dont nous venons de parler, solide, pâteux ou liquide.

Si le fer métallique, tout à fait habituel dans les météorites, manque dans les roches terrestres, cette différence peut simplement résulter de ce que dans notre globe, où l'oxygène de l'atmosphère est en excès, l'oxydation aurait été *complète* et n'aurait pas laissé de résidu métallique.

Toutefois, quand nous disons que les masses terrestres ne renferment pas de fer natif, il est bien évident qu'il ne s'agit que de celles que les éruptions rendent accessibles à nos investigations, masses qui, à raison de la grande dimension de notre planète, n'en forment qu'une sorte de revêtement. Rien ne prouve qu'au-dessous de ces masses alumineuses qui ont fourni en Islande, par exemple, des laves si analogues au type des météorites de Juvinas, qu'au-dessous de nos roches péridotiques, dont se rapproche tellement la météorite de Chassigny, il ne se trouve pas des massifs lherzolithiques dans lesquels commence à apparaître le fer natif, c'est-à-dire semblables aux météorites du type commun; puis, en continuant plus bas, des types de plus en plus riches en fer, dont les météorites nous présentent une série de densité croissante, depuis ceux où la quantité de fer représente à peu près la moitié du poids de la roche jusqu'au fer massif.

Quelques faits paraissent confirmer cette manière de voir; ainsi

le platine, que sa forte densité avait probablement placé à l'origine
dans les régions profondes, aurait été trouvé, d'après M. Engelhardt,
associé à du fer natif. En tout cas, ce métal est allié au fer dans une
proportion qui dépasse 10 p. o/o et qui suffit pour le rendre fortement magnétique. On peut ajouter que si, dans l'Oural, le platine n'a jamais été trouvé en place, il est souvent incrusté de fer
chromé et qu'il a même été rencontré encore engagé dans des fragments de serpentine[1]. Par cette association, ce métal paraît donc
nous apporter une nouvelle preuve de l'existence des roches magnésiennes de la famille péridotique à des profondeurs considérables.

Absence dans les météorites des roches stratifiées et du granite. — Les
météorites, si analogues à certaines de nos roches, diffèrent considérablement de la plupart de celles qui forment l'écorce terrestre.

La différence la plus importante consiste en ce qu'on n'a trouvé,
dans les météorites, rien qui ressemble aux matériaux constitutifs
des terrains stratifiés : ni roches arénacées, ni roches fossilifères,
c'est-à-dire rien qui rappelle l'action d'un océan sur ces corps, non
plus que la présence de la vie.

Une grande différence se révèle, même quand on compare les
météorites aux roches terrestres non stratifiées. Jamais il ne s'est
rencontré dans les météorites ni granite, ni gneiss, ni aucune des
roches de la même famille, qui forment avec ceux-ci l'assise générale sur laquelle reposent les terrains stratifiés. On n'y voit même
aucun des minéraux constituants des roches granitiques, ni or-
those, ni mica, ni quartz, non plus que la tourmaline et les autres
silicates qui sont l'apanage de ces roches.

Ainsi les roches silicatées qui forment l'enveloppe de notre globe
font défaut parmi les météorites. C'est seulement, comme on l'a
vu plus haut, dans les régions profondes qu'il faut aller chercher

[1] G. Rose, *Reise nach Ural,* t. II, p, 390. — M. Le Play, *Comptes rendus de l'Académie des sciences,* 1846.

les analogues de ces dernières, c'est-à-dire dans ces roches silicatées basiques qui ne nous parviennent qu'à la suite d'éruptions qui les ont fait sortir de leur gisement initial.

En tout cas, l'absence, dans les météorites, de toute la série des roches qui forment une épaisseur si importante du globe terrestre, quelle qu'en soit la cause, est une chose tout à fait remarquable. Cette absence peut s'expliquer de diverses manières, soit que les éclats météoriques qui nous arrivent ne proviennent que des parties intérieures de corps planétaires qui auraient pu être constitués comme notre globe, soit que ces corps planétaires eux-mêmes manquent de roches silicatées quartzifères ou acides, aussi bien que de terrains stratifiés. Dans ce dernier cas, qui est le plus probable, ils auraient donc suivi des évolutions moins complètes que la planète que nous habitons, et c'est à la coopération de l'Océan que la terre aurait dû dans l'origine ses roches granitiques, comme elle lui a dû plus tard ses terrains stratifiés.

Résumé. — En résumé, le privilége d'ubiquité du péridot, tant dans nos roches profondes que dans les météorites, s'explique, comme le font voir les expériences qui précèdent, parce qu'il est en quelque sorte la *scorie universelle.*

On pourrait conclure de ce qui précède que l'oxygène, si essentiel à la nature organique, aurait aussi joué un rôle important dans la formation des corps planétaires. Ajoutons que sans lui on ne conçoit point d'océan, point de ces grandes fonctions superficielles et profondes dont l'eau est la cause.

Nous arrivons ainsi à toucher aux fondements de l'histoire du globe et à resserrer les liens de parenté décelés déjà, par la similitude de leur composition, entre les parties de notre système planétaire dont il nous est donné de connaître la nature.

En mettant à part les météorites charbonneuses, que l'on doit considérer en dehors de la série, on pourrait concevoir les météorites disposées en couches sphériques concentriques, formant un globe idéal, dont la densité irait en croissant de la surface vers le

centre. A l'extérieur seraient les pierres alumineuses, puis vien-
draient les pierres péridotiques, celles du type commun, les polysidères, les syssidères et enfin les holosidères.

Remarquons que cette coupe théorique n'est pas sans quelque
analogie avec une section idéable du globe terrestre, abstraction
faite des terrains sédimentaires et de l'assise granito-gneissique.
Dans cette section, les laves pyroxéniques correspondraient aux météorites alumineuses; au-dessous, le péridot serait l'analogue de la
pierre de Chassigny; la lherzolithe et les roches analogues se rapprochent beaucoup des météorites du type commun, à part l'absence du fer métallique.

Là s'arrêtent, il est vrai, les analogies que l'on peut observer directement; mais là aussi s'arrête la connaissance que nous avons
des régions les plus profondes de notre globe. Il ne répugne pas à
la pensée de croire que les parties plus profondes de la terre offrent des ressemblances avec le globe idéal que nous venons de
construire par la superposition des divers types de météorites; rien
ne prouve, en un mot, que l'un des globes ne complète pas l'autre.

On comprendra mieux cette comparaison, peut-être hasardée,
au moyen du tableau suivant dont la première colonne contient,
avec les densités, les principaux types de météorites, tandis que la
deuxième colonne renferme les principales roches terrestres.

I.		II.	
"		Terrains stratifiés............	"
"		Granite et Gneiss...........	2,7
"		Laves pyroxéniques.........	2,9
Météorites alumineuses.....	3,0 à 3,2	"	
"		Péridot...................	3,3
Météorites péridotiques......	3,5	"	
"		Lherzolithe	3,5
Météorites du type commun..	3,5 à 3,8	"	
Polysidères (Sierra de Chaco).	6,5 à 7,0	"	
Syssidères (Pallas)........	7,1 à 7,8	"	
Holosidères (Charcas)......	7,0 à 8,0	"	

CHAPITRE IV.

DÉVELOPPEMENT DE LA COLLECTION DES MÉTÉORITES DU MUSÉUM.

Il importait, pour l'étude approfondie des météorites, d'en posséder une collection où les chutes des diverses époques et des diverses contrées fussent représentées d'une manière aussi complète que possible, et où elles pussent être examinées et comparées entre elles. C'est à ce titre qu'il convient de dire quelques mots du développement de la principale collection de la France.

Déjà des échantillons de diverses chutes avaient été réunis au Muséum. M. Daubrée, dans le but de développer cette collection naissante, fit un appel qui fut entendu, en Europe et dans les diverses autres régions du globe, de nombreuses personnes désireuses de servir la science.

En 1861, les échantillons, représentant 53 chutes, étaient au nombre de 86, pesant ensemble 691 kilogr. Au 1er novembre 1867, le nombre des chutes représentées, y compris les découvertes de météorites d'origine incontestable, mais de date indéterminée, était de 205, celui des échantillons de 525, formant un poids de 1,606 kilogr.

Cette collection, d'abord disposée suivant un ordre chronologique, vient d'être classée méthodiquement, conformément à la classification qui a été donnée plus haut.

Le catalogue raisonné de cette collection, actuellement en voie d'exécution, fera ressortir l'intérêt des principaux échantillons.

Il donnera en même temps, comme il est juste, les noms des

savants et autres personnes qui, par leur libéralité, ont contribué à
former cette intéressante collection, très-utile dès à présent et peut-
être davantage encore dans l'avenir par les découvertes auxquelles
elle conduira.

FIN.

TABLE DES MATIÈRES.

TROISIÈME PARTIE.

MÉTAMORPHISME.

QUATRIÈME PARTIE.

MÉTÉORITES.

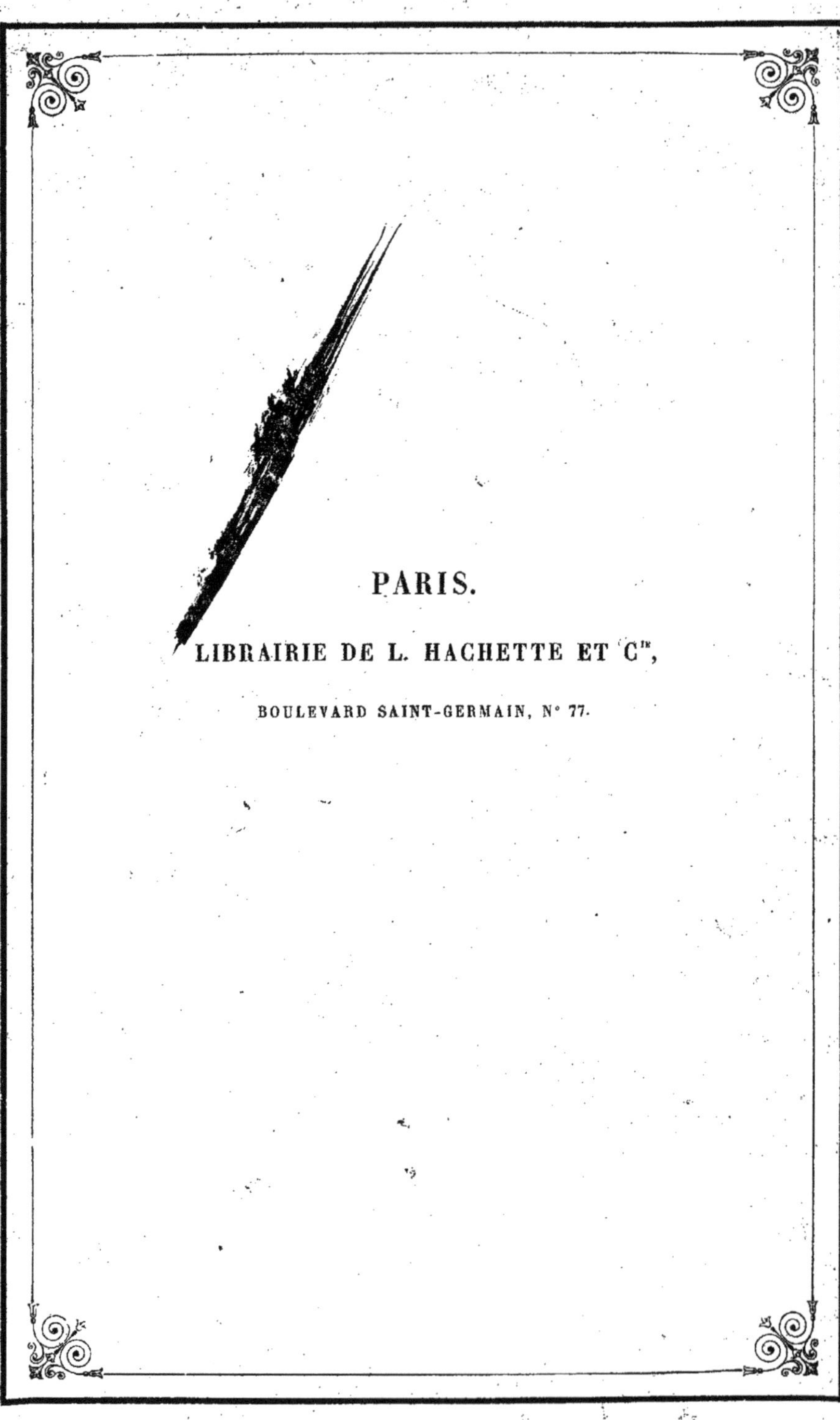

PARIS.

LIBRAIRIE DE L. HACHETTE ET CIE,

BOULEVARD SAINT-GERMAIN, N° 77.